普通高等教育"十二五"电工电子基础课程规划教材

普通高等教育"十一五"国家级规划教材配套教材

电工电子技术实验与实践指导

主 编 王幼林

副主编 詹迪铌

主 审 王桂琴

机械工业出版社

本书是为高等院校非电类专业电工电子技术课程教学需要而编写的实验教材。全书分为六章，前四章内容为实验与实践部分，其中大多数是以主题实验的形式编写的，在每一个主题实验中包含有若干个模块化的实验内容，学生可以根据实验教学的学时安排及自身的能力情况有选择地完成实际操作。每一个主题实验中都设计了具有启发性的应用内容，旨在启发学生运用所学知识解决实际问题，并学会和掌握科学研究过程中实际操作的基本方法。第五、六章介绍了常用电子仪器及相关实验设备。附录中整理编写了本书中实验及实践内容涉及的所有相关技术资料，方便学生在课堂实际操作时查阅。

本书可作为高等院校非电类专业电工电子技术课程的实验教材，也可供有关工程技术人员参考。

图书在版编目（CIP）数据

电工电子技术实验与实践指导/王幼林主编. —北京：机械工业出版社，2015.8（2023.8重印）

普通高等教育"十二五"电工电子基础课程规划教材　普通高等教育"十一五"国家级规划教材配套教材

ISBN 978-7-111-50907-3

Ⅰ.①电…　Ⅱ.①王…　Ⅲ.①电工技术－实验－高等学校－教学参考资料②电子技术－实验－高等学校－教学参考资料　Ⅳ.①TM－33②TN－33

中国版本图书馆 CIP 数据核字（2015）第 164864 号

机械工业出版社（北京市百万庄大街22号　邮政编码100037）
策划编辑：王雅新　责任编辑：王雅新　路乙达　徐　凡
版式设计：霍永明　责任校对：刘秀芝
封面设计：张　静　责任印制：李　洋
北京中科印刷有限公司印刷
2023 年 8 月第 1 版第 4 次印刷
184mm×260mm·12.75 印张·297 千字
标准书号：ISBN 978-7-111-50907-3
定价：35.00 元

电话服务　　　　　　　　　　网络服务
客服电话：010-88361066　　机 工 官 网：www.cmpbook.com
　　　　　010-88379833　　机 工 官 博：weibo.com/cmp1952
　　　　　010-68326294　　金 书 网：www.golden-book.com
封底无防伪标均为盗版　　　机工教育服务网：www.cmpedu.com

前　言

近年，国内高等院校的教师和实验技术人员在电工电子技术实验项目及实验方法的研究和改进方面作了不少的努力，但随着科学技术的不断发展和进步，电工电子技术实验与实践教学方面仍有许多需要不断探索的地方。本书是以一种全新的主题实验形式编写的实验教材，围绕一个实验主题把与该主题相关的实验内容以模块化的形式编写，学生可以根据实验教学的学时安排及自身的能力情况对实验及实践操作内容有选择地完成。

实验教学是电工电子技术课程不可缺少的一个重要环节。实验教学内容的选择，应该使学生在掌握知识的同时，一方面得到基本技能的训练，学会和掌握科学实验的方法，另一方面，实验内容也应该让学生产生兴趣。

本书内容分为六章，前四章内容为实验与实践部分，其中大多数的内容以主题实验的形式编写，打破了传统实验指导书模式，加强学生基本能力的训练。在每一个主题实验中包含了若干个模块化的实验内容，同时还配有实际应用电路，使学生在完成实验的同时对所学知识能够更好地理解和掌握，意在启发和引导学生运用所学知识解决实际问题。为了让学生在实验课堂上能够更加方便地独立完成实验内容，本书的附录部分整理编写了实际操作时涉及的所有相关技术资料，方便学生在课堂实际操作时查阅。

本书由王幼林担任主编，詹迪铌担任副主编，王桂琴担任主审。第一章的主题实验三、四、五、六，第二章的主题实验三、四、五，第三章的主题实验一、二、三，第五章，第六章，附录1、2、4、5、6、7、10由王幼林编写；第一章的基础实验一由梁亮编写；第一章的基础实验二由雷治林编写；第二章的基础实验一由王丽华编写；第二章的基础实验二由尹程秋编写；第三章的主题实验四由王芳荣编写；第三章的主题实验五、六，第四章，附录9由詹迪铌编写；附录3由常文秀编写；附录8由徐卓君编写。

本书出版于吉林大学工学学科暨原吉林工业大学60周年华诞之际，编者在此对学校多年的支持表示衷心的感谢。

本书在编写过程中得到吉林大学教材立项的支持，并得到吉林大学王鼎教授的悉心指导与帮助以及机械工业出版社相关领导和编辑的大力支持和帮助，编者在此表示最诚挚的谢意。

由于编者水平有限，书中难免会有疏漏和不足之处，欢迎读者批评指正。如果您对内容有修改的意见和建议，或您的实验方法优于本书内容，请随时与我们联系，我们的邮件地址为 Youlin@jlu.edu.cn。

编　者

实验室学生守则

一、学生必须按教学计划规定的时间上实验课，不得迟到、早退。

二、学生实验前要做好预习，认真阅读实验指导书，撰写预习报告。

三、学生进入实验室必须遵守实验室的一切规章制度，遵守操作规程，注意人身及设备的安全，听从指导教师的安排。

四、未经指导教师同意，不准擅自动用与本实验无关的仪器设备和室内其他设施。

五、学生欲增加或改变实验内容，须事先征得指导教师的同意。

六、实验过程中尽可能独立操作，细心观察，认真记录实验数据，不得擅自离开操作岗位。

七、实验中出现事故要保持镇静，要立即采取措施（如切断电源）防止事故扩大，注意保护现场，并及时向指导教师报告。

八、实验结束后，要将实验用品整理好，经指导教师检查后，方可离开实验室。

九、凡损坏仪器设备及工具者，应主动说明原因，写出损坏情况报告，接受检查，由指导教师酌情处理。

十、违反操作规程或擅自动用其他仪器设备造成损坏者，由事故人做出书面检查，视认识程度和情节轻重赔偿部分或全部损失。

目　　录

前言

实验室学生守则

第一章　电工技术实验与实践 ································· 1

基础实验一　叠加原理和戴维南定理 ··························· 1

基础实验二　一阶 *RC* 电路的暂态分析 ······················ 5

主题实验三　单相交流电路 ································· 10

　　(A) 荧光灯电路的测试 ································ 13

　　(B) 荧光灯电路功率因数的提高 ························ 15

主题实验四　*RLC* 串联谐振电路的研究与应用 ·················· 18

　　(A) *RLC* 串联谐振特性的测量 ······················ 20

　　(B) 硬币识别电路 ································· 22

主题实验五　三相交流电路的研究 ···························· 24

　　(A) 三相电路中负载星形联结和三角形联结时电压和电流的测量 ······ 25

　　(B) 三相交流电路负载功率的测量 ······················ 28

　　(C) 判定三相交流电的相序（选做内容） ··················· 30

主题实验六　三相交流电动机控制电路 ························· 32

　　(A) 电动机单向连续运转与点动控制电路 ··················· 33

　　(B) 电动机多点控制电路 ···························· 34

　　(C) 单按钮控制电动机起动和停止电路 ···················· 35

　　(D) 电动机正反转控制电路 ··························· 35

　　(E) 电动机顺序运行控制电路 ························· 35

　　(F) 电动机时间控制电路 ···························· 36

　　(G) 电动机丫 – △起动控制电路 ························ 38

　　(H) 设计一个工作台往返运行的控制电路 ··················· 39

第二章　模拟电子实验与实践 ···························· 41

基础实验一　晶体管两级放大电路 ···························· 41

基础实验二　差动放大电路 ································· 45

主题实验三　单管放大器电路 ······························ 49

　　(A) 共射极放大电路 ······························· 50

　　(B) 分压式偏置放大电路 ···························· 52

　　　　　　　　（C）共集电极放大电路（射极输出器）…………………… 53
　　　　　　　　（D）晶体管开关特性的应用 ……………………………… 54
主题实验四　　集成运算放大器（比较器）的应用 …………………………… 56
　　　　　　　　（A）模拟运算电路 ……………………………………… 58
　　　　　　　　（B）比较器应用电路 …………………………………… 63
　　　　　　　　（C）波形变换电路 ……………………………………… 65
主题实验五　　线性小功率直流稳压电源的设计 …………………………… 67
　　　　　　　　（A）整流、滤波电路的测量 …………………………… 70
　　　　　　　　（B）78×× 系列线性集成稳压器电源电路的测量 ……… 71
　　　　　　　　（C）79×× 系列线性集成稳压器电源电路的测量 ……… 71
　　　　　　　　（D）用集成稳压器组成的正负电源电路 ……………… 72

第三章　数字电子实验与实践 ………………………………………………… 73
主题实验一　　数字电路基础实验 …………………………………………… 73
　　　　　　　　（A）测量门电路真值表 ………………………………… 74
　　　　　　　　（B）TTL 与非门电压传输特性的测试 ………………… 76
　　　　　　　　（C）与非门对传输信号的控制 ………………………… 77
　　　　　　　　（D）测量数据分配器功能 ……………………………… 78
　　　　　　　　（E）测量数据选择器功能 ……………………………… 79
　　　　　　　　（F）观察计数器的输出波形 …………………………… 80
　　　　　　　　（G）测量可逆计数器的功能 …………………………… 80
　　　　　　　　（H）测量译码/驱动器功能 …………………………… 81
　　　　　　　　（I）测量寄存器功能 …………………………………… 82
　　　　　　　　（J）测量 LED 数码管 ………………………………… 83
主题实验二　　组合逻辑电路的应用 ………………………………………… 84
　　　　　　　　（A）利用与非门组成其他逻辑门 ……………………… 85
　　　　　　　　（B）利用门电路组成"一致"电路 …………………… 86
　　　　　　　　（C）利用门电路组成三人表决器 ……………………… 87
　　　　　　　　（D）利用门电路组成大小比较器 ……………………… 87
　　　　　　　　（E）利用门电路组成二人抢答器电路 ………………… 88
　　　　　　　　（F）三态门的测试 ……………………………………… 88
主题实验三　　触发器的应用 ………………………………………………… 90
　　　　　　　　（A）基础内容（R-S、D、J-K 触发器的测试）……… 91
　　　　　　　　（B）自动辨向电路 ……………………………………… 93
　　　　　　　　（C）由 D 触发器组成的移位寄存器 …………………… 94
　　　　　　　　（D）由 D 或 J-K 触发器组成的四位异步加法计数器 … 95
　　　　　　　　（E）由 J-K 触发器组成的四位异步减法计数器 ……… 95
　　　　　　　　（F）由 J-K 触发器组成的加减法计数器 ……………… 96
　　　　　　　　（G）由 D 触发器组成的抢答器 ………………………… 96
主题实验四　　集成计数器及其应用 ………………………………………… 98
　　　　　　　　（A）数字电子钟电路 …………………………………… 99

　　　　　　　　（B）数字电子秒表电路 ……………………………………… 103
　　　　　　　　（C）数字演说定时钟电路 …………………………………… 104
主题实验五　模/数（A/D）转换器、数/模（D/A）转换器及其应用 ……… 107
　　　　　　　　（A）模/数（A/D）转换器的测试 ……………………………… 107
　　　　　　　　（B）数/模（D/A）转换器的测试 ……………………………… 108
　　　　　　　　（C）数字电位器的实现 …………………………………… 110
主题实验六　555 定时器及其应用 …………………………………………… 112
　　　　　　　　（A）555 集成电路的测量 ………………………………… 113
　　　　　　　　（B）单稳态触发器 ………………………………………… 114
　　　　　　　　（C）多谐振荡器和脉宽调制器 …………………………… 115
　　　　　　　　（D）施密特触发器和光控开关 …………………………… 117
　　　　　　　　（E）拟声电路 ……………………………………………… 118

第四章　实用小电路 …………………………………………………………… 120
电路一　按钮去抖动电路 …………………………………………………… 120
电路二　单发脉冲发生器 …………………………………………………… 121
电路三　秒脉冲发生器（包括 1Hz、2Hz 和 1kHz） …………………… 122
电路四　连续可调脉冲发生器 ……………………………………………… 123
电路五　十进制加法计数器 ………………………………………………… 123
电路六　任意进制分频器的实现 …………………………………………… 124
电路七　可预置的加/减计数器的应用 …………………………………… 125
电路八　逻辑笔 ……………………………………………………………… 126

第五章　常用电子仪器 ……………………………………………………… 128
双路直流电源供应器（GPS – 2303C 型） ……………………………… 128
函数信号发生器/计数器（EE1641C 型） ……………………………… 130
双轨迹示波器（GOS – 620 型） ………………………………………… 132
台式数字多用表（PF66B 型） …………………………………………… 134
数字万用表（DT – 9922B 型） …………………………………………… 135
交流毫伏表（GVT – 417B 型） …………………………………………… 136
数字交流功率表（GPM – 8212 型） ……………………………………… 138

第六章　实验设备介绍 ……………………………………………………… 143
电路实验设备 ………………………………………………………………… 143
模拟电子实验设备 …………………………………………………………… 144
数字电子实验设备 …………………………………………………………… 145

附录 …………………………………………………………………………… 146
　　附录 1　实验报告的撰写 ……………………………………………… 146
　　附录 2　实验报告（模板） …………………………………………… 147
　　附录 3　电阻器、电容器、电感器简介 ……………………………… 148
　　附录 4　贴片电阻 ……………………………………………………… 152

附录 5　二极管与晶体管、整流桥、LED 数码管 ……………………………………… 155

1. 二极管与晶体管 ………………………………………………………………………… 155

2. 整流桥 …………………………………………………………………………………… 158

3. LED 数码管 ……………………………………………………………………………… 159

附录 6　门电路逻辑符号表 ………………………………………………………………… 161

附录 7　集成电路芯片资料 ………………………………………………………………… 162

1. 74LS00　2 输入四与非门 ……………………………………………………………… 162

2. 74LS04　六反相器 ……………………………………………………………………… 162

3. 74LS08　2 输入四与门 ………………………………………………………………… 163

4. 74LS10　3 输入三与非门 ……………………………………………………………… 163

5. 74LS13　4 输入双与非门（施密特触发） …………………………………………… 163

6. 74LS14　六反相器（施密特触发） …………………………………………………… 163

7. 74LS20　4 输入双与非门 ……………………………………………………………… 164

8. 74LS21　4 输入双与门 ………………………………………………………………… 164

9. 74LS27　3 输入三或非门 ……………………………………………………………… 164

10. 74LS30　8 输入与非门 ………………………………………………………………… 165

11. 74LS32　2 输入四或门 ………………………………………………………………… 165

12. 74LS47　BCD – 七段译码器/驱动器 ………………………………………………… 165

13. 74LS48　BCD – 七段译码器/驱动器 ………………………………………………… 166

14. 74LS74　正沿触发双 D 型触发器（带预置端和清除端） ………………………… 167

15. 74LS86　2 输入四异或门 ……………………………………………………………… 168

16. 74LS90　十进制计数器 ………………………………………………………………… 168

17. 74LS112　负沿触发双 J – K 触发器（带预置端和清除端） ……………………… 169

18. 74LS125　四总线缓冲门（三态输出） ……………………………………………… 169

19. 74LS138　3 – 8 线译码器/多路转换器（数据分配器） …………………………… 170

20. 74LS151　8 选 1 数据选择器（带选通输入端、互补输出） ……………………… 170

21. 74LS160　十进制同步可预置 BCD 计数器（异步清除） ………………………… 171

22. 74LS192　十进制可预置同步加/减计数器（双时钟） …………………………… 172

23. 74LS193　十六进制可预置同步加/减计数器（双时钟） ………………………… 173

24. 74LS194　四位双向移位寄存器 ……………………………………………………… 173

25. 74LS279　四 R – S 锁存器 …………………………………………………………… 174

26. 集成稳压器 ……………………………………………………………………………… 174

27. μA741 集成运算放大器 ………………………………………………………………… 176

28. LM324 四集成运算放大器 ……………………………………………………………… 176

29. LM339 四比较器 ………………………………………………………………………… 176

30. 555 时基电路 …………………………………………………………………………… 177

31. ADC0809 模/数（A/D）转换器 ……………………………………………………… 178

32. DAC0832 数/模（D/A）转换器 ……………………………………………………… 179

33. CD4060　14 级二进制计数/分频/振荡器 …………………………………………… 181

34. LM386 集成音频功率放大器 …………………………………………………………… 182

附录 8　晶体振荡器、拨码开关、小型继电器、小型开关和按钮、小型变压器、单相自耦

　　　　　 调压器 ·· 183

1. 晶体振荡器 ··· 183

2. 拨码开关 ··· 183

3. 小型继电器 ··· 184

4. 小型开关和按钮 ··· 184

5. 小型变压器 ··· 184

6. 单相自耦调压器 ··· 185

附录 9　几种常用低压电器简介 ·· 186

1. 断路器（空气开关） ··· 186

2. 熔断器和支座 ··· 186

3. 按钮和行程开关 ··· 187

4. 接触器和继电器 ··· 189

5. 热继电器 ··· 190

6. 时间继电器 ··· 191

附录 10　常用绝缘导线安全载流量表 ·· 193

参考文献 ·· 194

第一章 电工技术实验与实践

基础实验一 叠加原理和戴维南定理

一、实验目的

（1）通过实验验证叠加原理和戴维南定理，以加深对它们的理解。

（2）掌握基本直流电量的测量方法及相关仪器的使用方法。

（3）掌握测量有源二端网络等效参数的一般方法。

二、实验内容

利用实验的方法测量出电路的相关实验数据，并用实验数据或根据实验数据计算得到的结果，来验证叠加原理和戴维南定理。

三、实验原理简述

叠加原理：在线性电路中，当有两个或两个以上电源作用时，任何一支路的电流或电压，等于各个电源单独作用时在该支路中产生的电流或电压的代数和。

戴维南定理：任何一个线性有源二端网络，对外电路来说，都可以用一个电压源来代替，该电压源的电动势 E 等于二端网络的开路电压，其内阻 R_0 等于将有源二端网络转换成无源二端网络后（将有源二端网络中的恒压源短路，恒流源开路），网络两端的等效电阻。

四、实验用仪器设备及元器件

1. 实验用仪器设备

（1）双路直流电源供应器（GPS - 2303C 型）一台。

（2）数字万用表一块。

（3）毫安表（C31 - mA 型）一块。

（4）多孔实验板一块。

（5）导线若干。

2. 实验用元件

电阻：82Ω、100Ω、120Ω、150Ω、200Ω。

五、实验预习

（1）预习叠加原理和戴维南定理的相关理论知识。

（2）阅读第五章常用电子仪器中的直流电源供应器、数字万用表的使用方法。

（3）根据实验内容画电路图及测量用的表格，了解实验过程。

（4）计算出被测量的理论值，供实验中参考。

六、实验操作

实验操作注意事项：
  （1）实验中切忌将直流电源供应器正负极两端短路，以免损坏直流电源。
  （2）毫安表在接入电路前要首先判定电流的方向并选择合适的量程，以免损坏仪表。

在未接电路之前首先将直流电源供应器两路电压调整到图 1-1-1 所需的电压，然后在关闭电源的情况下完成电路的连接。

1. 叠加原理

分别按图 1-1-1a、b、c 正确地连接电路，用数字万用表和电流表按表 1-1-1 中的要求测量图中 a 和 b 两点电压及流经电阻 R_3 的电流数据，并将测得的数据记录在表格中。

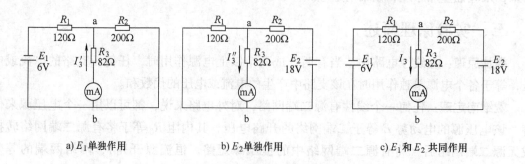

a）E_1 单独作用　　　　　　b）E_2 单独作用　　　　　　c）E_1 和 E_2 共同作用

图 1-1-1　叠加原理实验电路

表 1-1-1　叠加原理实验数据记录表

测量条件	电压 U_{ab}		流经电阻 R_3 的电流	
	测量值/V	计算值/V	测量值/mA	计算值/mA
E_1 单独作用				
E_2 单独作用				
E_1 和 E_2 共同作用				

2. 戴维南定理

将图 1-1-1 中的电阻 R_3 去掉，形成如图 1-1-2 所示的等效变换电路，用数字万用表测量 a、b 两端电压 U_{ab}（即开路电压），用电流表测量 a、b 两端电流 I_S（即短路电流），并将数据记录到表1-1-2中。

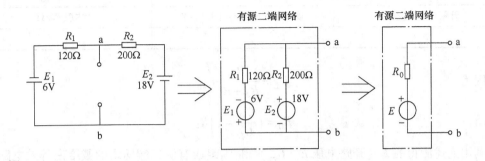

图 1-1-2 戴维南定理实验电路

表 1-1-2 戴维南定理实验数据记录表

测 量 值		计 算 值	
开路电压 U_{ab}/V	短路电流 I_S/mA	内阻 R_0/Ω	电流 I_3/mA

计算公式：
$$R_0 = \frac{U_{ab}}{I_S}$$

$$I_3 = \frac{U_{ab}}{R_0 + R_3}$$

注意：上面方法在实验中适用于 a、b 两端等效电阻 R_0 较大而且短路电流不超过电源最大额定值的情况，否则有损坏电源的危险。

在实际测量中内阻 R_0 还经常采用下面的方法（两次电压测量法）测得，其电路如图 1-1-3 所示。先测量 a、b 两端的开路电压 U_{ab}，然后在 a、b 两端接入一个已知电阻 R_L，电阻的阻值可以在 50~200Ω 范围选取（如选择82Ω），再测量 a、b 两端的电压 U_L，将测量的数据记录到表 1-1-3 中。

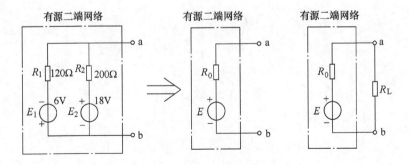

图 1-1-3 R_0 的测量方法

表 1-1-3 R_0 相关测量数据记录表

测 量 值		计 算 值
开路电压 U_{ab}/V	接入电阻 R_L 时的电压 U_L/V	内阻 R_0/Ω

因为

$$U_L = \frac{R_L}{R_0 + R_L} U_{ab}$$

所以

$$R_0 = \left(\frac{U_{ab}}{U_L} - 1 \right) R_L$$

利用上述测得的 E（开路电压 $E = U_{ab}$）和 R_0 组成有源二端网络的戴维南等效电路，将得到的计算电流 I_3 与表 1-1-1 中的 E_1 和 E_2 共同作用时的电流相比较，证明戴维南定理的正确性。

七、实验总结报告

（1）参照附录 1 及附录 2 的相关要求撰写实验报告。

（2）按实验电路的实际参数和实际电压，用叠加原理和戴维南定理计算 I_3，并与实测 I_3 进行比较，说明两定理的正确性。若有误差，请分析产生误差的原因。

（3）提出其他你认为需要讨论的问题。

基础实验二 一阶 RC 电路的暂态分析

一、实验目的

(1) 研究由电阻与电容相串联组成的 RC 电路充电、放电的过渡过程。

(2) 掌握利用示波器观察和分析动态电路的过渡过程。

(3) 掌握微分电路和积分电路的概念。

(4) 理解时间常数 τ 对波形的影响。

(5) 研究一阶 RC 电路在连续矩形波电压作用下,电路的输出波形。

二、实验内容

(1) 研究由电阻和电容串联组成的电路在恒定电压作用时的充放电过渡过程。

(2) 研究 RC 电路对矩形脉冲波形的响应。

(3) 观察并记录实验数据及波形。

三、实验原理简述

在含有电感或电容的储能元件电路中,其响应可用微分方程求解,凡可用一阶微分方程来描述的电路称为一阶电路,一阶电路由一种储能元件和若干个电阻组成。在许多实际应用的电子电路中,经常能够见到电阻和电容组成的电路,它是许多定时器和脉冲形成电路的基础。

在 RC 电路中,一个原来没有充过电的电容器通过电阻与电源接通,构成充电回路,那么电容器两端的电压就是系统零状态响应;而一个充好电的电容器通过电阻放电,则是系统零输入响应。电容器的充、放电过程其两端电压随时间按指数规律变化,时间常数则由电容和电阻来决定。当电容 C 用法拉 (F),电阻 R 用欧姆 (Ω) 时,其时间常数 τ 的单位就是秒 (s),τ 决定了电路中过渡过程的快慢。时间常数 τ 的计算公式为

$$\tau = RC$$

如图 1-2-1a 所示电路,当开关 S 置于"充电"位置时,电容器经过电阻充电,其电压 u_c 将随指数规律上升,当 $t = \tau = RC$ 时,电容上的电压将上升到所加电压的 63%,充电曲线如图 1-2-1b 所示;当开关 S 置于"放电"位置时,电容器经电阻放电,其电压 u_c 将随指数规律下降,当 $t = \tau = RC$ 时,电容上的电压将下降到原来电压的 37%,如图 1-2-1c 所示。

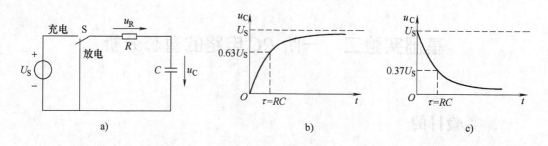

图 1-2-1　电容器充放电

四、实验用仪器设备及元器件

1. 实验用仪器设备

（1）双路直流电源（GPS – 2303C 型）一台。

（2）双踪模拟示波器（GOS – 620 型）一台。

（3）函数信号发生器（EE1641C 型）一台。

（4）数字多用表一块。

（5）直流毫安表一块。

（6）数字秒表一块。

（7）RLC 数字电桥一台。

（8）多孔实验板一块。

2. 实验用元件

（1）电阻：200Ω、1kΩ、2kΩ、100kΩ。

（2）电容：0.01μF、0.1μF、1μF、100μF。

说明：实验之前可用 RLC 数字电桥准确测量所使用的元件的实际参数。

五、实验预习

（1）预习一阶 RC 电路相关的理论知识。

（2）阅读第五章常用电子仪器中的直流稳压电源、模拟示波器、函数信号发生器及数字多用表的使用方法。

（3）阅读了解第六章"实验设备介绍"中相关组件。

（4）了解实验过程，熟悉电路接线图。

（5）计算出被测量的理论值，供实验中参考。

六、实验操作

1. RC 电路暂态过程

（1）充电实验

将直流稳压电源的电压调整到 $U = 10V$，按图 1-2-2 所示电路接线，开关 S 先置于"放电"位置，将数字多用表接于电容器两端。

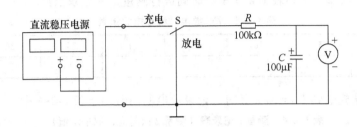

图 1-2-2　*RC* 充电过程测量电路

1）将开关 S 置于"充电"位置，同时按动秒表计时，将第 5 秒时的数字多用表读数记录在表 1-2-1 中。

2）将开关 S 置于"放电"位置，一直到电压表读数为 0，表明电容器已经放电完毕（可以用导线直接接触电容器两端，加快放电速度）。

3）重复步骤 1、2，按照表 1-2-1 中的时间进行测量，并记录数据。

表 1-2-1　*RC* 充电过程数据记录表

充电时间 t/s	5	10	15	20	25	30	35
电容器电压 U_C/V							

在电容器两端充电到 $U_C = 63\% U$ 时，记录充电所需时间于表 1-2-2 中。

表 1-2-2　测量 τ 记录表（测量 2 次时间，取平均值）

充电（$U_C = 63\% U$）	测量 τ			理论值 $\tau = RC$	误差
充电时间 t/s	第一次	平均			
	第二次				

（2）放电实验

直流稳压电源的电压仍然是 $U = 10\text{V}$，按图 1-2-3 所示电路接线，将数字多用表接于电容器两端。

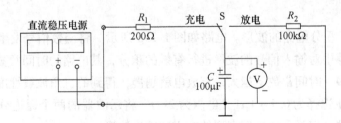

图 1-2-3　*RC* 放电过程测量电路

1）接通电源，将开关先 S 置于"充电"位置，使电容器"充满电"。

2）将开关 S 置于"放电"位置，同时按动秒表计时，将第 5 秒时的数字多用表读数记录在表1-2-3中。

3）重复步骤1、2，按照表1-2-3中的时间进行测量，并记录数据。

表1-2-3　RC放电过程数据记录表

放电时间 t/s	5	10	15	20	25	30	35
电容器电压 U_C/V							

在电容器两端放电到 $U_C = 37\% U$ 时，记录放电所需时间于表1-2-4中。

表1-2-4　测量 τ 记录表（测量2次时间，取平均值）

放电（$U_C = 37\% U$）	测量 τ			理论值 $\tau = RC$	误差
放电时间 t/s	第一次		平均		
	第二次				

根据表1-2-1～表1-2-4的数据，将电压与时间的关系曲线描绘在图1-2-4的坐标系中。

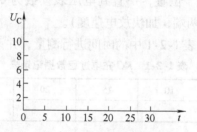

图1-2-4　充、放电特性曲线

2. RC 电路对矩形波的响应

电路的过渡过程往往是十分短暂的单次变化过程，为了便于对电路的过渡过程进行研究，就必须使这种单次变化的过程重复出现以便能够用示波器观察过渡过程和测量有关的参数。为此，可以利用函数信号发生器输出的矩形波来模拟阶跃的激励信号，此矩形波的上升沿可作为零状态响应的正阶跃激励信号，矩形波的下降沿可作为零输入响应的负阶跃激励信号，这样就可以用示波器来观察和分析零状态响应和零输入响应。

将函数信号发生器的输出调节为频率是1kHz，幅度是峰峰值 $10V_{P-P}$，占空比是50%的矩形波。

（1）观察 RC 积分电路的波形。电路如图1-2-5所示。将函数信号发生器接于电路的输入端，为了在电路中对输入信号的波形进行有效的积分，其电路的时间常数应该比输入信号波形的周期大许多。时间常数 τ 越大，充放电就越慢，得到的三角波线性度就越好。因此可将电容器 C 的容量选择为 $0.1 \sim 1 \mu F$，电阻为 $2k\Omega$。将示波器的两个通道分别接于电路的输入端和电容器两端，记录示波器观察到的输入和输出波形。

（2）观察 RC 微分电路的波形。电路如图1-2-6所示。将函数信号发生器接于电路的输入端，为了在电路中对输入信号的波形进行有效的微分，其电路的时间常数应该比输入信号波形的周期小许多，因此可将电容器 C 的容量选择为 $0.01 \mu F$，电阻为 $2k\Omega$。将示波器的两个通道分别接于电路的输入端和电阻器两端，记录示波器观察到的输入和输出波形。

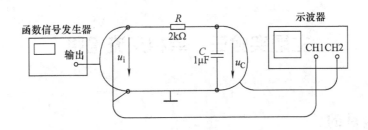

图 1-2-5　*RC* 积分测量电路

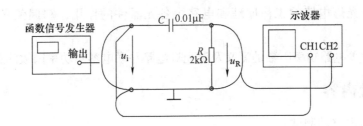

图 1-2-6　*RC* 微分测量电路

七、实验总结报告

（1）参照附录 1 及附录 2 的相关要求撰写实验报告。

（2）根据测量的数据绘制充、放电特性曲线。

（3）准确地画出实验中观察到的积分和微分波形图。

（4）提出其他你认为需要讨论的问题。

主题实验三　单相交流电路

一、实验目的

(1) 掌握基本交流电量和交流功率的测量方法。

(2) 掌握数字交流功率表、数字万用表的使用方法。

(3) 了解荧光灯电路的工作原理和电路中各元器件的作用，掌握荧光灯电路的接线方法。

(4) 理解改善电路功率因数的意义及荧光灯电路并联电容对功率因数的影响。

二、实验内容

(A) 荧光灯电路的测试。

(1) 按照荧光灯电路的原理正确地连接出实验电路，使电路正常工作。

(2) 用数字交流功率表对荧光灯电路的参数进行测量。

(B) 荧光灯电路功率因数的提高。

将不同容量的电容器分别并联在荧光灯电路的电源端，并按要求测量出实验数据，用实验数据来说明电容器在电路中的作用和对提高功率因数的影响。

三、实验用仪器设备及元器件

(1) 数字万用表一块。

(2) 数字交流功率表（GPM – 8212 型）一台。

(3) 低压断路器（MC1052）（俗称单相空气开关板）一块。

(4) 熔丝板（MC1003）一块。

(5) 荧光灯板（MC1012、MC1036C）一套。

(6) 电流测量板（MC1055）一块。

(7) 导线和短路桥若干。

四、实验预习

(1) 了解荧光灯的工作原理。

(2) 预习单相交流电路及功率因数提高的相关理论知识。

(3) 阅读第五章"常用电子仪器"中数字交流功率表、数字万用表的使用方法，特别是要理解数字交流功率表与被测量点之间的电路接线形式。

(4) 阅读第六章"实验设备介绍"中相关组件的结构。

(5) 了解实验过程，熟悉电路接线图。

（6）计算出被测量的理论值，供实验中参考。

五、荧光灯电路组成及工作原理

1. 荧光灯电路的组成

荧光灯电路主要是由荧光灯管、镇流器、辉光启动器三部分组成。

1）荧光灯管是内壁涂有荧光粉、两端有灯丝、内部抽真空并充有氩气和少量汞的玻璃管，其结构如图 1-3-1 所示。当灯管两端灯丝加上高电压时，灯管内部汞蒸汽游离放电产生弧光，发出紫外线，管壁上的荧光粉受到紫外线的激发而发光。荧光灯管实际上是一种放电管，其特点是开始放电时需要较高的电压，一旦放电后可在较低电压下维持发光。

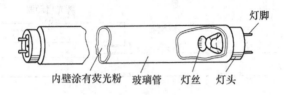

图 1-3-1　荧光灯管结构

2）铁心式镇流器是一个以硅钢片为铁心的电感线圈，其结构如图 1-3-2 所示。它的作用是在辉光启动器断电瞬间，产生出一个很高的电动势，使灯管内汞蒸汽游离放电。另一方面，在灯管内气体电离而呈低阻状态时，由于镇流器的降压和限流作用而限制灯管电流，防止灯管损坏。

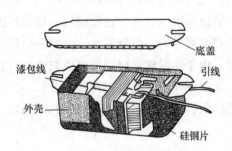

图 1-3-2　镇流器结构

3）辉光启动器是一个内部充有氖气且有两个电极的放电管，其中一个电极是固定电极（静触片），另一个为双金属片制成的电极（U 形动触片）。它相当于一只自动开关，其作用是在荧光灯启动时配合整流器使灯管点亮，灯亮后辉光启动器即停止工作，其结构如图 1-3-3 所示。在常温下两个电极间有一个很小的空隙，当两个电极间加有启辉电压时，辉光启动器放电，双金属片电极被加热随之伸张可与固定电极接触；辉光启动器电压或启辉电压降低时，双金属片电极冷却即恢复原来状态。另外，为了防止电极在分离时产生火花损坏电极及对周围产生电磁干扰，通常在它电极上还并联一个小电容。

2. 荧光灯电路的工作原理

荧光灯电路如图 1-3-4 所示。荧光灯电路非常简单，只需将镇流器、荧光灯管及辉光启动器串联（辉光启动器与灯丝是串联）接入额定电压即可。

图 1-3-3　辉光启动器结构

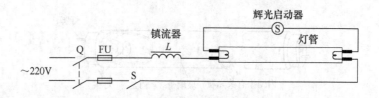

图 1-3-4　荧光灯电路原理图

当荧光灯电路接通电源后，电源电压便通过镇流器、灯管灯丝加到辉光启动器的两个电极上，使辉光启动器产生辉光放电，放电所产生的热量加热了辉光启动器的电极，于是辉光启动器双金属片的电极伸张与固定电极接触，两个电极接触后使荧光灯的灯丝通过电流，灯丝灼热，为点亮灯管做准备，此时辉光启动器内两个电极接触后辉光放电停止，双金属片电极冷却并在短时间内恢复原状使两电极分开，在此瞬间，镇流器因为断电，感应出一个很高的电动势，使灯管内汞蒸汽被电离导电，灯管发光。此时的电路变成只有荧光灯管和镇流器相串联，灯管上的电压较低。由于此时辉光启动器变成与整个灯管并联，此电压不足以再使辉光启动器发生辉光放电，双金属片的电极也不再接触。

镇流器是一个有铁心的线圈，它可以用一个无铁心的电感和一个电阻串联而成的电路来等效，如图 1-3-5 所示。

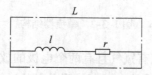

图 1-3-5　镇流器等效电路

在荧光灯电路正常工作时，用功率表测得镇流器所消耗的功率也就是等效电阻所消耗的功率为

$$P_L = I^2 r$$

式中　P_L——镇流器所消耗的功率；

　　　I——通过镇流器的电流；

　　　r——镇流器的等效电阻。

于是

$$r = \frac{P_L}{I^2}$$

镇流器的等效电抗为

$$X = \sqrt{\left(\frac{U_L}{I}\right)^2 - r^2}$$

式中　U_L——镇流器两端的电压。

镇流器的等效电感为

$$L = \frac{X}{2\pi f} \qquad (f = 50\text{Hz})$$

　　对于荧光灯管来说，尽管我们视其为电阻性负载，但它还不完全具备纯电阻的伏安特性，如果根据欧姆定律来计算其等效电阻显然是不正确的。因此，可以根据其消耗的功率来计算它的等效电阻 R。即

$$R = \frac{P_R}{I^2}$$

式中　P_R——灯管所消耗的功率；

　　　　I——通过灯管的电流；

　　　　R——灯管的等效电阻。

六、实验操作

实验操作注意事项：

　　本实验使用的电源电压为交流 220V，因此在实验过程中，无论是接线或是改变线路时，一定要使低压断路器切断电源，严禁带电接线或拆线，以防止意外触电。合上电源开关前，要提醒同组的同学注意。

（A）荧光灯电路的测试

（1）在未连接线路之前，首先用万用表检查荧光灯管灯丝、镇流器线圈、辉光启动器是否完好。

（2）按图 1-3-6 正确连接电路，在电流测试端先用短路桥连接。合上低压断路器使荧光灯管能够正常发光。

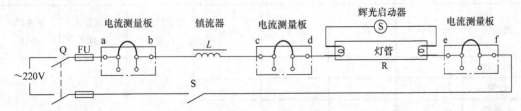

图 1-3-6　荧光灯电路

（3）以图 1-3-6 为基本电路，将数字交流功率表连接在电路中以对镇流器进行测量，如图 1-3-7 所示。在测量端先用短路桥连接，测量电路连接完成后，合上低压断路器使荧光灯管能够正常发光，再去掉相关的短路桥，按表 1-3-1 中的测量要求在数字交流功率表上读取相关的测量数值，并记录数据。

说明：关于数字交流功率表在"第五章　常用电子仪器"部分已经做了介绍，这里结合具体的测量电路进一步说明功率表在电路中的连接方法。如图 1-3-7 所示电路，当要对镇流器进行测量时，把与镇流器两侧相连的两个短路桥去掉，将电路的 a 点和 d 点分别与功率表的输入端 N_{IN} 和 L_{IN} 相连接，将电路的 b 点和 c 点分别与功率表的输出端 N_{OUT} 和 L_{OUT} 相连接。这样我们就可以看到，此时功率表内部的电流表是串联在电路中的，内部的电压表是并联在被测量的元件（镇流器）上的，恰好符合常规的电流表和电压表的使用规则，其内部的熔丝也是串联在电路中，可以起到保护作用。总结其连线规律为：

1）将被测量的元件两端与电路断开。

2）电路上的两个断开点（a 和 d）连接到功率表的输入端 N_{IN} 和 L_{IN}。

3）被测量镇流器元件两端（b 和 c）连接到功率表的输出端 N_{OUT} 和 L_{OUT}。

若对荧光灯管进行测量，相关测量点应该是 c、d、e、f，方法同上。

若对电源端进行测量，相关测量点应该是 a、b、e、f，方法同上。

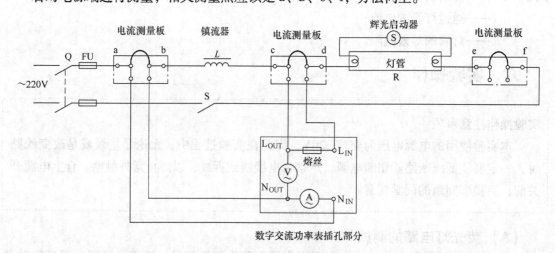

图 1-3-7　荧光灯的测量电路

表 1-3-1　荧光灯电路的测量记录表

测量端	测　量　值				计　算　值		
	U/V	I/A	P/W	$\cos\varphi$	灯管的等效电阻 R	镇流器的电感 L	镇流器的电阻 r
镇流器							
灯管							
电源端							

（B）荧光灯电路功率因数的提高

1. 关于功率

（1）有功功率 P：$P = UI\cos\varphi$

在电网中，由电源供给负载的电功率有两种：一种是有功功率，另一种是无功功率。有功功率是保持用电设备正常运行所需的电功率，也就是将电能转换为其他形式能量（机械能、光能、热能）的电功率。如，各种照明设备将电能转换为光能。有功功率的常用单位为 W、kW。

（2）无功功率 Q：$Q = UI\sin\varphi$

无功功率比较抽象，许多用电设备均是根据电磁感应原理工作的，如，电动机需要建立和维持旋转磁场，使转子转动，从而带动机械运动；变压器也同样需要在其一次绕组产生磁场，才能在二次绕组感应出电压。为建立电动机和变压器交变磁场和感应磁通而需要的电功率称为无功功率。无功功率单位为乏（var）。

虽然无功功率对外不做功，但无功功率绝不是无用功率，它的用处很大。如，要完成本实验中 20W 荧光灯的正常发光，除需 20W 有功功率（镇流器也需要消耗一部分有功功率）来发光外，还需一部分的无功功率供镇流器的线圈建立交变磁场。

在正常情况下，用电设备不但要从电源取得有功功率，同时还需要从电源取得无功功率。如果电网中的无功功率供不应求，用电设备就没有足够的无功功率来建立正常的电磁场，那么用电设备就不能维持在额定情况下工作，其端电压就要下降，从而影响用电设备的正常运行。

无功功率对供、用电也产生一定的不良影响，主要表现在：

1）降低发电机有功功率的输出。

2）视在功率一定时，增加无功功率就要降低输、变电设备的供电能力。

3）电网内无功功率的流动会造成线路电压损失增大和电能损耗的增加。

4）系统缺乏无功功率时就会造成低功率因数运行和电压下降，使电气设备容量得不到充分发挥。

（3）视在功率 S：$S = UI$

视在功率是电路的总电压与电流有效值的乘积，它用来衡量一个用电设备对上级供电设备的供电功率需求，也就是说为确保电网能正常工作，外电路需传给该设备的能量。它不表示交流电路实际消耗的功率，只表示电路可能提供的最大功率或电路可能消耗的最大有功功率。视在功率的常用单位为 V·A、kV·A。

视在功率、有功功率、无功功率三者之间的关系为

$$S^2 = P^2 + Q^2$$

（4）功率因数 $\cos\varphi$：$\cos\varphi = P/S$

在正弦交流电路中，有功功率 P 一般小于视在功率 S，也就是说视在功率上打一个折扣才能等于有功功率，这个折扣称为功率因数，用 $\cos\varphi$ 表示。即

$$P = S\cos\varphi$$

功率因数的大小与电路的负载性质有关，如白炽灯泡、电阻炉等电阻性负荷的功率因数为 1，一般具有电感性负载的电路功率因数都小于 1。功率因数是衡量电气设备效率高低的一个系数，也是电力系统的一个重要的技术数据。功率因数低，说明电路用于交变磁场转换

的无功功率大，从而降低了设备的利用率，增加了线路供电损失。

2. 荧光灯电路功率因数的提高

功率因数 $\cos\varphi$ 低的主要原因是线路上有比较大的电感性负载存在，而荧光灯电路正是如此。镇流器是高感抗元件，故整个电路的功率因数很低，一般只有 0.5 左右，荧光灯管相当于电阻性负载，因此可以视荧光灯电路为电感和电阻相串联的电路。通常提高功率因数的方法是在电感性负载两端并联适当的电容。本实验给出几种不同容量的电容，根据测量数据可以比较出功率因数达到最大时的电容数值。

并联电容后，电路如图 1-3-8a 所示，总电流 I 是荧光灯电流 I_L 和电容器电流 I_C 的相量和。因为电容器吸取的容性无功电流 I_C 抵消了一部分荧光灯电流中的感性无功分量，所以电路总电流将下降，即电路的功率因数被提高了。当电容器逐步增加到一定容量时，总电流下降到最小值，此时电路的功率因数 $\cos\varphi \approx 1$。若继续增加电容量，总电流 I 又将上升，其相量图如图 1-3-8b 所示。

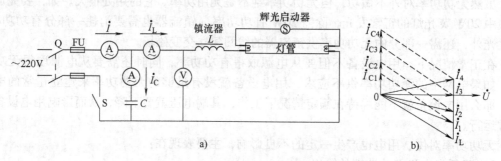

图 1-3-8　并联电容原理及相量图

由于电源电压是固定的，所以并联电容器并不影响感性负载的正常工作，即感性负载的电流、功率及功率因数并不随并联电容容量的不同而改变，仅仅是电路总电流及功率因数发生变化。这样能够减少供电线路损耗及电压损失，而不影响负载的工作。

为测量方便，将电流测试板连接到电路的测量点，如图 1-3-9 所示，图中三个电流测量点分别与图 1-3-8 的三个电流表对应。按表 1-3-2 中的要求，将不同容量的电容分别并联在电路中进行测量，并将测量数据记录在表格中。

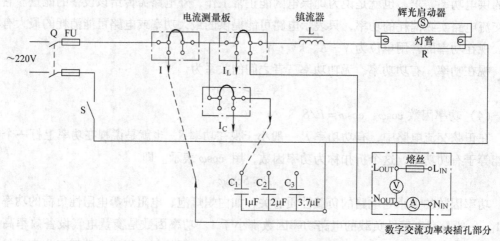

图 1-3-9　荧光灯并联电容器测量电路

说明：表 1-3-2 中 U_L 和 U_R 可用数字万用表测量，其他数据都可以在功率表上读取。

表 1-3-2　并联电容测量值记录表

C	总电路				荧光灯支路				电容支路	
	U/V	I/A	P/W	$\cos\varphi$	U_L/V	U_R/V	I_L/A	P_{LR}/W	I_C/A	P_C/W
1μF										
2μF										
3.7μF										
选做 __μF										
__μF										

七、实验总结报告

（1）参照附录 1 及附录 2 的相关要求撰写实验报告。

（2）画出实验电路图，说明荧光灯启辉和发光的过程。

（3）试用相量图说明，在荧光灯电路中并联不同容量的电容后，总电流如何变化？功率因数如何变化？

（4）灯管两端电压、镇流器两端电压相加是否等于电源电压？为什么？

（5）提出其他你认为需要讨论的问题。

主题实验四　*RLC* 串联谐振电路的研究与应用

一、实验目的

（1）掌握利用常用的仪器对串联谐振频率特性曲线进行简单测定的方法，并能准确地测定电路的谐振点。

（2）理解正弦交流电路产生的谐振现象和串联谐振时电路的特征，研究各电量之间的数值关系。

（3）理解电路参数对电路谐振频率特性曲线的影响。

（4）了解测定串联谐振电路通频带的方法。

（5）通过一个实例（硬币识别电路），加深对谐振电路的理解。

二、实验内容

（A）*RLC* 串联谐振特性的测量。

（1）用示波器准确地测定出电路的谐振点。

（2）测量串联谐振电路的频率特性曲线，测量 Q 值对频率特性曲线的影响。

（3）测量在电路发生谐振时，电路中各元件上的电压。

（B）硬币识别电路。

测量一枚一元钱硬币的电路谐振点。

三、实验原理简述

在同时含有电感和电容元件的串联交流电路中，如果出现容抗 X_C 与感抗 X_L 相等时，即 $X_C = X_L$，电路中的电源电压与电流同相，此时电路就会产生谐振，整个电路呈现纯电阻性。当电路发生串联谐振时，电路的阻抗 $Z = \sqrt{R^2 + (X_L - X_C)^2} = R$，电路中总阻抗最小，电流将达到最大值。研究谐振现象有着重要的实际意义，一方面谐振现象得到广泛的应用，另一方面电路在某些情况下发生谐振会破坏正常工作。

在 *RLC* 串联谐振电路中，若 $X_L = X_C$ 或 $\omega_0 L = \dfrac{1}{\omega_0 C}$，电路将产生谐振。此时谐振角频率 ω_0 和谐振频率 f_0 分别为

$$\omega_0 = \frac{1}{\sqrt{LC}}, \quad f_0 = \frac{1}{2\pi \sqrt{LC}}$$

可见谐振角频率和谐振频率只由电路本身的 L 和 C 的参数决定，而与电路中的电阻 R 无关。改变电源频率，使之等于 f_0，电路就会发生谐振；若固定电源频率，而改变电路的 L 或 C 的参数，也可使电路在某一频率下发生谐振，或者避免谐振。

当电路谐振时，电路中的电感和电容上的电压幅值相等，即 $U_C = U_L$，但相位相差 $180°$，而且为外加电压的 Q 倍。Q 为电路的品质因数，且

$$Q = \frac{U_L}{U} = \frac{U_C}{U} = \frac{\omega_0 L}{R} = \frac{1}{\omega_0 RC} = \frac{1}{R}\sqrt{\frac{L}{C}}$$

由上式可以看出，电路中的 R 越小，Q 值越大，因此谐振曲线的形状越尖。若电路谐振时电源电压为 U，则谐振时的电流 $I_0 = U/R$，并且为最大值。

如图 1-4-1 所示，当频率由 f_0 向两侧偏离时，电路中电流也随之减小，当减少到谐振电流 I_0 的 0.707 倍时，所对应的下限频率 f_1 和上限频率 f_2 之间的宽度，称为通频带 Δf，通频带越小，表明谐振曲线的形状越尖，选择性就越好。即：

$$Q = \frac{f_0}{f_2 - f_1}$$

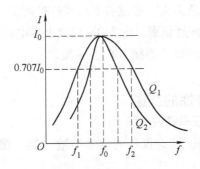

图 1-4-1　RLC 串联电路电流频率特性曲线

四、实验用仪器设备及元器件

1. 实验室可提供的仪器设备

（1）双踪模拟示波器（GOS - 620 型）一台。

（2）函数信号发生器（EE1641C 型）一台。

（3）交流毫伏表（GVT - 417B 型）一台。

（4）LCR 数字电桥（TH2820 型）一台。

（5）多孔实验板一块。

2. 实验室提供的元器件

（1）电阻 82Ω、51Ω。

（2）电感线圈（参数用数字电桥测量）。

（3）电容：6800pF、0.1μF。

同学们自备不同面值的硬币若干枚及与硬币大小相近的铁片代替假硬币（如钥匙、游戏币等）。

五、实验预习

（1）预习谐振电路相关的理论知识。

（2）预习第五章常用电子仪器中与实验相关的仪器。

（3）了解电容、电感的特点和用途。

（4）将实验表格准备好，以备实验时记录使用。

六、实验操作

关于实验中使用的仪器构造的说明：

　　仪器的单相电源线插头为三芯的，即三个插片（相线、零线、地线），其中"地线"的插片是和仪器的金属外壳相连接，起到漏电保护作用。而在交流电源插座的里面，"地线"插孔被一根电线连接在一起并且接"大地"。而仪器的信号传输线是一种带有屏蔽的同轴铜丝网线，这层屏蔽铜丝网经过连接头和仪器外壳连接，屏蔽铜丝网最终连接的又是信号传输线的"黑色插头"。如此一来，当多台仪器插入到交流电源插座中时，就意味着这些仪器信号传输线的"黑色插头"经过以上这些连接的部分被连接在了一起。

　　综上所述，我们最终应该意识到，由220V交流电供电的仪器的信号传输线的"黑色插头"通过仪器后面的电源线被"连接"在了一起。

（A）RLC 串联谐振特性的测量

1. 测量绘制谐振电路的频率特性曲线

按图1-4-2所示连接电路。注意仪器的信号传输线的"黑色插头"应连接到测量电路的"地"端。

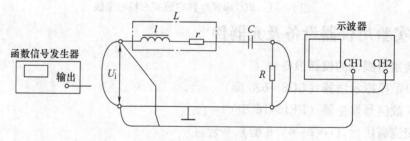

图1-4-2　测量电路

首先找到电路的谐振频率f_0。方法是：将函数信号发生器的输出波形选择为正弦波，再将函数信号发生器的输出频率由小到大逐渐调节，不断观察示波器的波形，直到出现示波器上的两个波形同相位，这时表明电路处于谐振状态，此时函数信号发生器显示的频率数值即为电路的谐振频率f_0。将谐振频率f_0记录到表1-4-1中。

在频率为f_0时，用交流毫伏表测量电路的输入端U_i，调节函数信号发生器输出电压，使得电路输入端U_i的电压为2V，再测量电阻两端电压U_R，记录U_R的数值于表1-4-1中。

将函数信号发生器的输出频率以谐振点f_0为中心，向左右两侧每次递减或递增一定的频率，依次各取几个频率测量点，逐点测出对应的U_R，并将测得的数据记录在表1-4-1中。

说明：表1-4-1在每次递减或递增频率时，由于电路中的电流发生变化，使函数信号发生器的输出电压产生变化，因此应该在每次取一个频率点时，都要再把电路的U_i电压调节到2V。

表1-4-1　频率特性曲线记录表

电路参数			$R=82\Omega$	$C=0.1\mu F$		$L=2.6mH$		$r=5.6\Omega$	
	频率递减1kHz（取整数）			f_0	频率递增1kHz（取整数）				
改变频率/kHz									
测量 U_R/V									
计算 I/mA									

2. 测量串联谐振电路的通频带

测量电路如图1-4-2，按表1-4-2选择电路参数，首先找到电路的谐振频率 f_0，用交流毫伏表测量电路输入端 U_i 的电压，调节函数信号发生器使电路输入端 U_i 的电压为2V，再用交流毫伏表测量 U_R，计算出 I_0 和 $I_0/\sqrt{2}$ 数值，根据此数值调节函数信号发生器的频率找到下线频率 f_1 和上线频率 f_2。将数据记录到表格中。

需要注意的是，在确定下线频率 f_1 和上线频率 f_2 时，电路输入端 U_i 的电压仍应保持为2V。因此，这个过程需要反复多次调节函数信号发生器的频率和电路的输入电压 U_i。

表1-4-2　串联谐振电路的通频带测量表

电路参数		$L=2.6mH$　$r=5.6\Omega$	
		$R=82\Omega$、$C=0.1\mu F$	$R=51\Omega$、$C=0.1\mu F$
测量	f_0/kHz		
	U_R/V		
计算	I_0/mA		
	$I_0/\sqrt{2}$/mA		
测量	下线频率 f_1/kHz		
	上线频率 f_2/kHz		

3. 测量 U_C 和 U_L 电压

电路如图1-4-3所示，将函数信号发生器的频率调节到谐振频率 f_0，并且使 U_i 为2V，用交流毫伏表按照表1-4-3的要求进行测量，将测量的数据记录到表格中。可选择如下的方法之一测量或计算 U_C 和 U_L 电压。

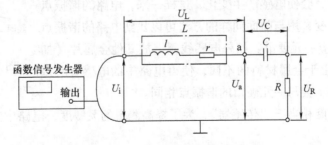

图1-4-3　测量 U_C 和 U_L 电压

方法一：

由于前文所述仪器构造的原因，使得用来测量电压的毫伏表的"黑色插头"只能"固定"在图1-4-3电路的"地"端，而不能随意移动去直接测量 U_C 和 U_L。那么，我们可以采用将电容和电感分别换到电阻的位置的办法来测量 U_C 和 U_L。

方法二：

可以利用测量 U_a 点的电压计算出 U_C 和 U_L，即

$$U_C = \sqrt{U_a^2 - U_R^2}$$

$$U_L = \sqrt{(U_i - U_R)^2 + U_C^2}$$

方法三：

利用公式及测量的相关数据进行计算，即

$$Q = \frac{f_0}{f_2 - f_1} \qquad Q = \frac{U_C}{U_R} = \frac{U_L}{U_R}$$

方法四：

前文说到由于仪器构造的原因，使得用来测量电压的毫伏表的"黑色插头"只能"固定"在图1-4-3电路的"地"端，而不能通过移动直接去测量 U_C 和 U_L。但是如果将毫伏表的电源线插头三个插片中的"地线"去掉（即把保护地去掉，交流毫伏表悬浮地），使其电源线成为两线插头，这样就可以将毫伏表的"黑色插头"与其他仪器断开，从而可以直接用毫伏表测量图1-4-3中的 U_C 和 U_L，此时毫伏表的"红色插头"和"黑色插头"也无需顾忌"测量方向"。

表1-4-3　各点电压值记录表

R	测量值			测量或计算值		计算值
	f_0/kHz	U_i/V	U_a/V	U_R/V	U_C/V	U_L/V	Q
82Ω						
51Ω						

（B）硬币识别电路

利用前面的实验电路，将一枚一元硬币放在电感线圈上，电感线圈的形状如图1-4-4所示，由于硬币是导磁的金属材料，因此当硬币放到电感上时，会使电感产生变化，这样一来，电路的谐振点也将会随之发生改变，用与前面同样的方法可以找到电路的谐振点 f_0，此谐振点只对应一元硬币。如果电感线圈上放其他金属片（如钥匙、游戏币），由于金属材料的不同，使得电路中的电感有所差异，因此谐振点都不会与一元硬币的谐振点相同。

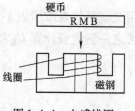

图1-4-4　电感线圈

本实验电感线圈相当于"传感器"，为了提高测量的灵敏度，电路中的电阻应选用小阻值电阻。

更换不同容量的电容，按照表1-4-4测出电路谐振点的频率。

表 1-4-4　谐振点的测量表

测量		测量谐振点/f_0	
	电容	0.1μF	6800pF
	硬币		
	其他金属片		

本实验原理的说明：

金属材料具有一定的导磁性，材料若有差异，其导磁的效果一定会有差别。一元真硬币采用的是钢心镀镍工艺，钢心与镀层间有一牢固烧结层，无论是哪一年发行的硬币，其材质及工艺都具有一致性。因此，可利用串联谐振的原理，把电路中的电感制作成"传感器"的形式，来测量硬币的谐振点 f_0。

如果遇到假硬币，同样会使电路中电感量发生变化，但是由于其材料及制造工艺都与真硬币有所差异，因此它产生的谐振点肯定是与真硬币有所不相同，这样就可以对真硬币和假硬币进行识别。当然，要想使这个电路应用于实际，并且可靠有效地工作，还需要设计其他电路来对这个"传感器"测得的结果进一步的处理。

七、实验总结报告

（1）参照附录 1 及附录 2 的相关要求撰写实验报告。

（2）对谐振电路的原理进行说明。画出串联谐振的实验电路，并注明实验参数。

（3）说明如何利用仪器设备找到硬币的谐振点。

（4）根据表格中测量的数据，用光滑的曲线连接各点，画出电流谐振曲线。

（5）在测试硬币的实验中，选择不同容量的电容会有不同的谐振点，你认为选择哪一个电容比较合适，为什么？

（6）通过对实验过程的比较，可否得到有价值的结论。

（7）提出其他你认为需要讨论的问题。

主题实验五　三相交流电路的研究

一、实验目的

（1）掌握三相交流电路三相负载的连接方法。

（2）理解三相四线制供电系统中性线的作用。

（3）验证三相电路负载的相电压和线电压以及相电流和线电流之间的关系。

（4）掌握三相电路的电压和电流的测量方法。

（5）掌握交流功率表的使用方法。

（6）理解三相电路功率的测量方法。

（7）了解三相交流电的相序判定方法。

二、实验内容

利用低压电器完成负载星形联结和三角形联结电路。

（A）三相电路中负载星形联结和三角形联结时电压和电流的测量。

（B）三相交流电路负载功率的测量。

（C）判定三相交流电的相序（选做内容）。

三、实验用仪器设备及元器件

（1）数字万用表一块。

（2）数字交流功率表（GPM-8212型）一台。

（3）三相断路器（空气开关）板（MC1001）一块。

（4）三相熔丝板（MC1002）一块。

（5）灯泡负载板（MC1093）三块。

（6）电流测试板（MC1055）二块。

（7）导线和短路桥若干。

（8）无极性电容 0.47μF/450V 一只。

四、实验预习

（1）预习三相交流电路的相关理论知识。

（2）阅读第五章常用电子仪器使用中的数字交流功率表、数字万用表的使用方法。

（3）阅读了解第六章实验设备介绍中的相关实验组件。

（4）了解实验过程，熟悉电路接线图。

（5）计算出实验中被测量的理论值，供实验中参考。

五、实验操作

说明：实际的三相交流电源的线电压为 380V。本实验选用的九只额定电压均为 220V、额定功率均为 40W 的普通白炽灯泡作为电路负载。为避免灯泡在过电压状态下工作，实验室已经用三相自耦调压器将交流电源的线电压降低到 220V。

实验操作注意事项：

（1）本实验使用的交流电源超过安全电压，因此在实验过程中，无论是接线还是改变线路时，一定要用空气开关切断电源，严禁带电接线或拆线，以防止意外触电。合上电源开关前，要提醒同组的同学注意。

（2）电流表在接入电路时要确保串联接线的正确，以免损坏电流表。

（A）三相电路中负载星形联结和三角形联结时电压和电流的测量

（一）实验原理

三相负载有星形和三角形两种电路连接形式。负载星形联结时，是把三相负载的一端分别与三相电源的相线相连接，将各相负载的另一端连接在一起构成三相负载的中性点，这个中性点与电源中性线是否连接，将构成有中性线或无中性线电路；负载三角形联结时，将每一相的负载末端与另一相负载的首端依次相连接，形成三角形，把三角形的三个顶点分别与三相电源相连接，即构成负载三角形电路。

在三相负载星形联结电路中，中性线的作用在于使三相电压保持对称，使各相负载电压稳定一致。在无中性线情况下，并且负载不对称时，使得负载中性点电压 U'_0 不为零，导致三相负载电压不对称，有的相远远低于电源相电压，有的却又大大超过电源相电压，结果造成各相负载难以正常运行，这种现象称之为中性点位移。为了避免这种现象的出现，在实际的低压配电系统中都加有中性线，并且规定在中性线上不得串接熔断器和开关，甚至还要强调用机械强度较高的导线作为中性线，防止其意外断开。

本实验以普通的白炽灯泡作为电路的负载，可视其为纯电阻性负载。

1. 负载星形联结电路

有中性线时，不管负载是否对称，均具有关系式

$$U_L = \sqrt{3}\,U_P \qquad I_L = I_P;$$

无中性线时，负载对称，具有关系式

$$U_L = \sqrt{3}\,U_P \qquad I_L = I_P;$$

无中性线时，负载不对称，具有关系式

$$U_L \neq \sqrt{3}\,U_P \qquad I_L = I_P;$$

2. 负载三角形联结电路

不管负载是否对称，均具有关系式

$$U_L = U_P;$$

负载对称，具有关系式

$$I_L = \sqrt{3} I_P;$$

负载不对称，具有关系式

$$I_L \neq \sqrt{3} I_P;$$

（二）实验操作

1. 负载星形联结电路的测量

图 1-5-1a 为负载星形有中性线电路，图 1-5-1b 为负载星形无中性线电路。在电流测量端先用短路桥连接，按表 1-5-1 和表 1-5-2 中的要求连接每相负载灯泡的个数，用数字万用表测量交流电压，用交流电流表测量交流电流，并将测量的数据记录到表格中。在负载不对称的情况下，注意观察各相负载灯泡的亮度情况。

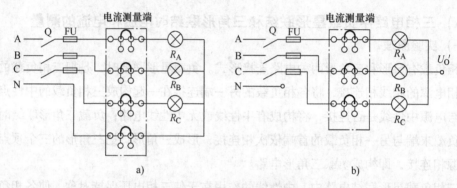

图 1-5-1　负载星形联结电路

说明：为了测量电流方便，在电路的每一个电流测量点都连接一个电流测试板，电路由短路桥形成通路。当测量电流时，将电流表与电路中电流测量端相连接，除去测试板上对应的短路桥，电流表即串联在电路中，如图 1-5-2 所示。

本实验电流的测量，可以使用数字交流功率表的电流测量功能来完成。

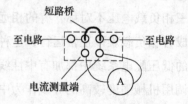

图 1-5-2　测量电流示意图

表 1-5-1　负载星形有中线电路测量表

负载	灯泡个数		相电压 U_P/V	线电压 U_L/V	相（线）电流 $I_P = I_L/mA$	中性线电流 I_N/mA
对称	A 相	1 只	U_A	U_{AB}	I_A	
	B 相	1 只	U_B	U_{BC}	I_B	
	C 相	1 只	U_C	U_{CA}	I_C	
不对称	A 相	1 只	U_A	U_{AB}	I_A	
	B 相	2 只	U_B	U_{BC}	I_B	
	C 相	3 只	U_C	U_{CA}	I_C	

表 1-5-2　负载星形无中性线电路测量表

负载	灯泡个数		相电压 U_P/V		线电压 U_L/V		相（线）电流 $I_P = I_L$/mA		$U_{NO'}$/V
对称	A 相	1 只	U_A		U_{AB}		I_A		
	B 相	1 只	U_B		U_{BC}		I_B		
	C 相	1 只	U_C		U_{CA}		I_C		
不对称	A 相	1 只	U_A		U_{AB}		I_A		
	B 相	2 只	U_B		U_{BC}		I_B		
	C 相	3 只	U_C		U_{CA}		I_C		

注：表中 $U_{NO'}$ 为电源 N 与负载中性点 $U_{O'}$ 之间的电压

2. 负载三角形联结电路的测量

按图 1-5-3 正确的连接电路。按表 1-5-3 中的要求测量数据，测量方法同上，并记录测量数据。

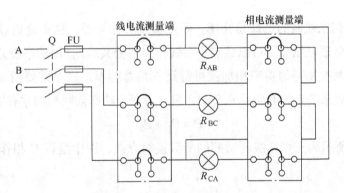

图 1-5-3　负载三角形联结电路

表 1-5-3　负载三角形电路测量表

负载	灯泡个数		线（相）电压 $U_L = U_P$/V		线电流 I_L/mA		相电流 I_P/mA	
对称	AB 相	1 只	U_{AB}		I_A		I_{AB}	
	BC 相	1 只	U_{BC}		I_B		I_{BC}	
	CA 相	1 只	U_{CA}		I_C		I_{CA}	
不对称	AB 相	1 只	U_{AB}		I_A		I_{AB}	
	BC 相	2 只	U_{BC}		I_B		I_{BC}	
	CA 相	3 只	U_{CA}		I_C		I_{CA}	

（B）三相交流电路负载功率的测量

（一）实验原理

（1）测量三相四线制（负载星形联结有中线）的负载总功率（有功功率），可以用一台功率表按照测量单相功率的方法分别测量出每一相的功率，如图1-5-4所示，然后把测得的三个功率相加即得到电路的总功率。即

$$P = P_A + P_B + P_C$$

如果是三相对称负载，只需测量其中一相的功率，再将测量的数值乘以3就是总功率。

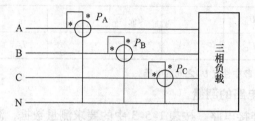

图1-5-4　三相四线制功率的测量

（2）测量三相三线制的负载总功率，不论负载对称与否，也不论负载是星形联结（无中性线）或是三角形联结，都可以选定一根线作为"公共线"，用功率表分别测量"另外两相"的功率，将两次测得的功率相加就可得到三相总功率。这里需要指出的是，对于每个单独的功率表读数来说是没有实际意义的，只有将两个功率读数相加才有实际的意义。即

$$P = P_1 + P_2$$

如图1-5-5所示为三相三线制功率的测量接线方式，图中是以C相作为"公共线"进行测量。

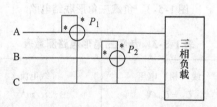

图1-5-5　三相三线制功率的测量

（二）实验操作

1. 三相四线制的负载总功率的测量

按图1-5-6将负载连接成有中线星形联结方式，用功率表分别测量A、B、C三相的负载功率（图中是测量C相），并将测得的电压、电流及功率数据记录于表1-5-4中。

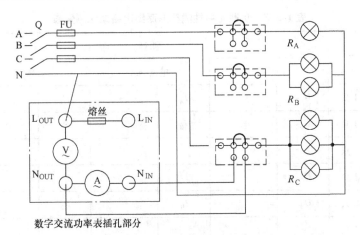

图 1-5-6　有中线负载星形联结电路功率的测量

表 1-5-4　负载有中性线星形联结功率测量表

负载	灯泡个数		测量			计算
			电压/V	电流/mA	功率/W	P 总功率
对称	A 相	1 只	U_A	I_A	P_A	
	B 相	1 只	U_B	I_B	P_B	
	C 相	1 只	U_C	I_C	P_C	
不对称	A 相	1 只	U_A	I_A	P_A	
	B 相	2 只	U_B	I_B	P_B	
	C 相	3 只	U_C	I_C	P_C	

2. 三相三线制负载星形联结（无中性线）电路总功率的测量

将图 1-5-6 的中性线去掉，变为如图 1-5-7 所示电路，可以选定 C 相作为"公共线"，将功率表分别连接到"A、B 两相"进行测量，并将测得的电压、电流及功率数据记录于表 1-5-5 中。

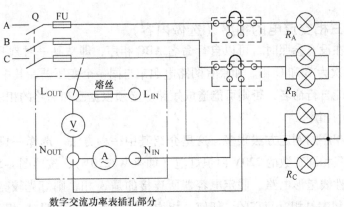

图 1-5-7　负载无中性线星形联结电路功率的测量

表 1-5-5　负载无中性线星形联结电路功率测量表

负载	灯泡个数		测量				计算
			电压/V	电流/mA		功率/W	P 总功率
对称	A 相	1 只	U_{AC}	I_A		P_1	
	B 相	1 只	U_{BC}	I_B		P_2	
	C 相	1 只					
不对称	A 相	1 只	U_{AC}	I_A		P_1	
	B 相	2 只	U_{BC}	I_B		P_2	
	C 相	3 只					

3. 三相三线制负载三角形联结电路总功率的测量

如图 1-5-8 所示电路，将负载连接成三相三角形联结方式，可以选定 C 相作为"公共线"，将功率表分别连接到"A、B 两相"进行测量，并将测得的电压、电流及功率数据记录于自制的"负载三角形联结电路功率测量表"表格中，自制表格见表 1-5-5。

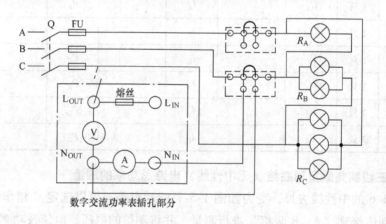

图 1-5-8　负载三角形联结电路功率的测量

（C）判定三相交流电的相序（选做内容）

三相交流电在没有参照时，可以自行命名 ABC 相序，即从某一时刻开始第一个出现峰值的是 A 相，依次为 B 和 C 相。如果有两路电源来自同一个变压器，其中一路已知 ABC 相序，则另一路不能自行命名，否则可能造成短路。必须根据已知一路的相序，采用核相的方法确定未知一路的相序。

三相交流电相序的判定方法很多，这里介绍其中一种方法。选择一只 0.47μF/450V 的无极性电容和两只相同瓦数的 220V 白炽灯泡（如 40W/220V），按照图 1-5-9 连接成三相负载不对称的无中性线星形电路。假定电容器所连接的是 A 相，则灯光较亮的是 B 相，灯光较暗的是 C 相。相序是相对而言的，任何一相均可作为 A 相，一旦 A 相确定了，B 相和 C 相也就确定了。

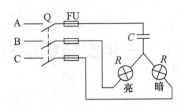

图 1-5-9　判断三相交流电相序

六、实验总结报告

（1）参照附录1及附录2的相关要求撰写实验报告。

（2）按实验电路测得的实际电压、电流，验证其相电压和线电压，相电流和线电流之间的关系，并与理论计算的电压及电流进行比较，验证其是否相符。画出各种情况下电压及电流的相量图。

（3）在星形联结无中性线且负载不对称的情况下，根据测量的数据说明各相负载灯泡的亮度情况。

（4）在实际应用的星形联结电路中，中性线上不允许装有开关，也不允许装熔断器，为什么？

（5）提出其他你认为需要讨论的问题。

主题实验六　三相交流电动机控制电路

一、实验目的

（1）了解低压电器的工作原理及使用方法。

（2）掌握三相电动机控制电路的工作原理，并能根据原理图正确地连接电路。

（3）掌握电动机单向连续运转和电动机正反转控制电路原理。

（4）了解顺序控制和时间控制电路的原理。

（5）了解电动机丫－△起动控制电路的原理。

（6）学会设计一个简单的工作台往返控制电路。

二、实验内容

首先了解几种低压电器的工作原理及使用方法，通过具体的电路来熟悉和掌握低压电器在电动机的控制电路的应用。以下（A）～（H）全部实验内容大约需要 6 学时能完成，同学们可以根据自己的能力和实验课程学时的安排自行选择完成部分实验内容。

（A）电动机单向连续运转与点动控制电路。

（B）电动机多点控制电路。

（C）单按钮控制电动机起动和停止电路。

（D）电动机正反转控制电路。

（E）电动机顺序运行控制电路。

（F）电动机时间控制电路。

（G）电动机丫－△起动控制电路。

（H）设计一个工作台往返运行的控制电路。

三、实验原理简述

三相异步电动机的旋转磁场是三相交流电流通入三相定子绕组产生的。定子三相绕组在定子铁心中排列位置是固定不变的。当三相对称电流通入三相定子绕组时，其产生的旋转磁场可使电动机旋转。

电动机的控制有多种方式，在实际的应用中可以根据需要设计不同的控制电路。它可以实现远距离控制和欠电压失电压保护，配以热继电器，还可以实现过电流保护。

电动机的控制多采用交流接触器，它通过控制电路使交流接触器的电磁线圈在控制电路的控制下实现吸合（得电）或者释放（失电），从而使接触器的机构带动主触点和辅助触点动作，接触器主触点接于电动机的主电路，辅助触点接于控制电路，实现电动机的起动或者停止控制。

四、实验用仪器及设备

（1）数字万用表。

（2）三相断路器（空气开关）板。

（3）熔丝板。

（4）交流接触器板。

（5）热继电器板。

（6）按钮开关板。

（7）行程开关板。

（8）时间继电器板。

（9）三相异步电动机。

（10）安全导线和短路桥。

五、实验预习

（1）了解三相异步电动机的使用。

（2）阅读附录9，了解几种低压电器的结构、动作原理和控制作用。

（3）了解第六章"实验设备介绍"中相关组件面板的结构。清楚设备上各种电器的触点及线圈所对应的接线插孔。

（4）了解实验过程，熟悉电路接线图。

（5）了解顺序控制和时间控制电路的应用场合。

（6）设计一个工作台往返控制电路，并画出电路图。

六、实验操作

> 实验操作注意事项：
>
> 　（1）本实验中主电路使用的电源电压为交流380V，控制电路使用的电源电压为交流220V。因此在实验过程中，无论是在接线或是在改变线路时，一定要将空气开关置于断电位置，严禁带电接线或拆线，以防止意外触电。
>
> 　（2）合上电源开关前，要提醒同组的同学注意。
>
> 　（3）实验时一定要将桌上的物品远离电动机轴，以防止意外卷入。

（1）首先进行控制电路的连接，经检查线路无误后，通电反复操作各控制按钮，并仔细确认接触器的动作状态是否正确；然后再进行主电路的连接，经检查线路无误后，反复操作各控制按钮并仔细观察电动机的运行情况。

（2）正确的记录所用设备及电器元件的型号及其参数。

（A）电动机单向连续运转与点动控制电路

如图1-6-1所示，左侧图1-6-1a为三相异步电动机的主电路，右侧图1-6-1b和图1-6-1c分别是实现电动机运行的两种控制电路。按图连接电路，检查线路连接准确无误后，才可以通电运行。

　　图 1-6-1b 所示电路可以实现电动机的单向连续运转控制。将 SB2 按下，使 KM 线圈通电，主电路上的三对主触点 KM 将闭合，并联在 SB2 上的辅助触点 KM 也同时闭合，实现自锁；释放 SB2 按钮，电动机可持续运转。SB1 为停止按钮。

　　图 1-6-1c 所示电路既可以实现电动机的点动控制又可以实现单向连续运转控制。当 SB3 按下时，KM 线圈通电，主电路上的三对主触点 KM 闭合，使电动机运转；当 SB3 释放时，KM 线圈断电，主电路上的三对主触点 KM 断开，电动机停止运转，从而实现电动机的点动控制。当 SB2 按下时，KM 线圈通电，主电路上的三对主触点 KM 将闭合，串联在 SB3 上的辅助触点 KM 也同时闭合，实现自锁；释放 SB2 按钮，电动机可持续运转。SB1 为停止按钮。

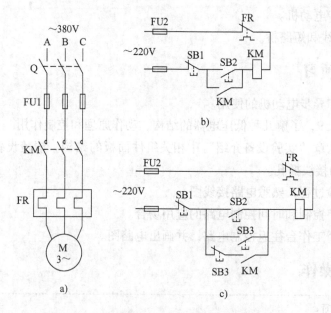

图 1-6-1　电动机单向连续运转与点动控制电路

（B）电动机多点控制电路

　　该电路的主电路与图 1-6-1 的主电路相同，两种控制电路如图 1-6-2a、b 所示，电路原理由同学们自己分析。按图连接电路，检查线路连接准确无误后，才可以通电操作。

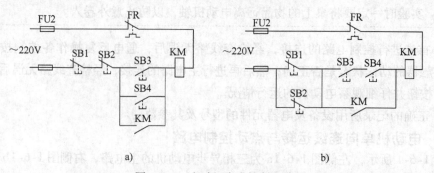

图 1-6-2　电动机多点控制电路

（C）单按钮控制电动机起动和停止电路

该电路的主电路与图 1-6-1 的主电路相同，控制电路如图 1-6-3 所示。

该控制电路只用一个按钮就可以实现电动机的起动和停止。当按动一次按钮时，电动机起动并保持持续运转；再按动一次按钮，电动机停止运转。KA1 和 KA2 是中间继电器，KM 为主电路接触器。电路原理由同学们自己分析。

按图连接电路，检查线路连接准确无误后，才可以通电操作。

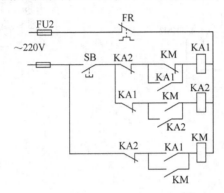

图 1-6-3　单按钮控制电动机起动和停止电路

（D）电动机正反转控制电路

三相异步电动机的旋转磁场是三相电流通入三相定子绕组产生的。定子三相绕组在定子铁心中排列位置是固定不变的。当三相对称电流通入三相定子绕组的相序是 A→B→C 时，其产生的旋转磁场方向是顺时针方向的；而当三相对称电流通入三相定子绕组的相序是 C→B→A 时（或 A→C→B 相序），其产生的旋转磁场方向是逆时针方向。因此，要想改变电动机的旋转方向，只需将主电路的三根三相电源线中的任意两根电源线对调即可。

如图 1-6-4 所示，有一台三相异步电动机 M，电动机正反转的控制是通过控制电路来使两个交流接触器改变吸合状态，实现对主电路三相电源 A 相和 C 相的"换相"，从而改变电动机的旋转方向。

控制电路采用复合按钮互锁，SB3 和 SB2 分别为正转和反转按钮，SB1 为停止按钮。将 SB3 按下时，使接触器 KM1 线圈通电，主电路上的三对主触点 KM1 闭合，并联在 SB3 上的触点也闭合，实现自锁，使电动机持续运转。

当电动机需要反转时，可以直接按下反转控制按钮 SB2，其动断触点先断开，使接触器 KM1 线圈断电，主电路上的三对主触点 KM1 随即断开，同时串接在接触器 KM2 线圈支路上的动断触点 KM1 恢复闭合，SB2 动合触点闭合，接触器 KM2 线圈通电并通过自身的辅助触点实现自锁，三对主触点 KM2 也闭合，电动机进入反转运行。

无论是电动机正转还是反转运行，按下按钮 SB1 时，电动机停止运行。

按图连接电路，检查线路连接准确无误后，才可以通电操作。

（E）电动机顺序运行控制电路

在某些特定的情况下，经常要求多台电动机按照一定的顺序起动或停止才能符合工况要求。

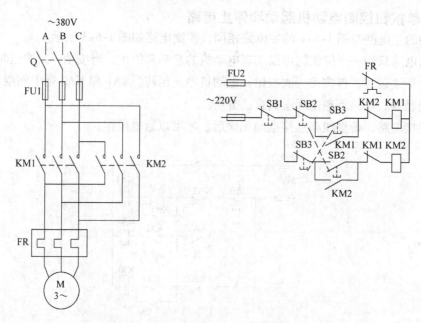

图 1-6-4　电动机正反转控制电路

如图 1-6-5a、b 所示，有两台三相异步电动机 M1 和 M2，在按下控制按钮 SB3 时，交流接触器 KM1 吸合并且实现自锁，KM1 接触器主触点闭合，电动机 M1 起动运行；同时和交流接触器 KM2 线圈串联的 KM1 辅助触点闭合，为电动机 M2 的起动做准备。再按下控制按钮 SB2 时，交流接触器 KM2 吸合并且实现自锁，KM2 接触器主触点闭合，电动机 M2 起动运行。

电动机需要停止时，按下控制按钮 SB1，交流接触器 KM2 线圈断电释放，电动机 M2 停止运行，同时并联在按钮 SB4 上的辅助触点 KM2 也断开，在按下按钮 SB4 时，电动机 M1 可停止运行。

若起动时先按按钮 SB2，或停止时先按按钮 SB4，情况将是怎么样的？同学们自行分析。

主电路如图 1-6-5a 所示，控制电路如图 1-6-5c 所示。操作控制按钮 SB2、SB3 和 SB1，观察电路的工作情况，并与图 1-6-5b 的电路工作情况进行比较。同学们自行分析电路工作原理。

按图连接电路，检查线路连接准确无误后，才可以通电操作。

（F）电动机时间控制电路

在实际应用中，经常会遇到需要按照时间间隔来控制两台以上电动机运行的情况。如图 1-6-6 所示是对两台电动机进行时间控制的电路，时间继电器为通电延时型的时间继电器。

当按动控制按钮 SB2 时，接触器 KM1 和时间继电器 KT 吸合，电动机 M1 起动运行，并且接触器 KM1 实现自锁，此时时间继电器串联在接触器 KM2 线圈的延时触点开始延时，延时时间到时，延时触点闭合使接触器 KM2 吸合，电动机 M2 起动运行，并且接触器 KM2 实现自锁，此时时间继电器 KT 线圈断电。当按下按钮 SB1 时，两台电动机同时停止运行。

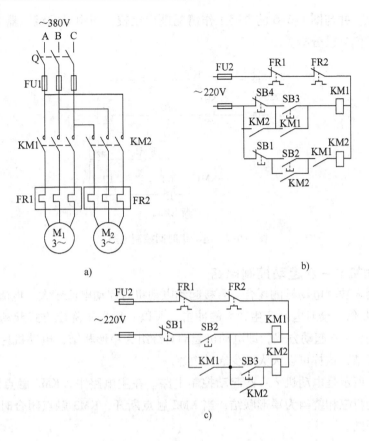

a)

b)

c)

图 1-6-5　电动机顺序运行控制电路

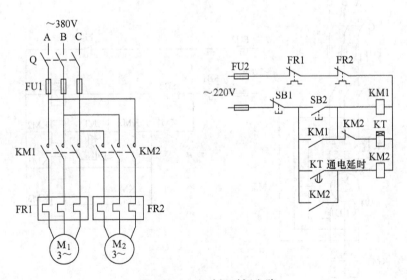

图 1-6-6　电动机时间电路

按图连接电路，检查线路连接准确无误后，才可以通电操作。

与图 1-6-6 的主电路相同，控制电路如图 1-6-7 所示。操作控制按钮 SB2 和 SB1，观察电路的工作情况，并与图 1-6-6 的电路工作情况进行比较。图中时间继电器是断电延时型。电路原理由同学们自己分析。

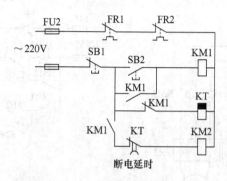

图 1-6-7　电动机时间控制电路

（G）电动机丫 - △起动控制电路

在许多应用大功率电动机的场合，直接起动电动机时起动电流较大，电流可达到电动机额定电流的 4 ~ 8 倍，会对电网产生较大的冲击，所以一般采用降压方式起动。在轻载起动的场合，常采用丫 - △起动方式，即电动机起动时绕组为星形联结，电动机持续工作运行时绕组为三角形联结，这样可以大大减少起动电流。

如图 1-6-8 所示是电动机丫 - △起动控制电路。在主电路中，KM2 触点闭合，KM3 触点断开时，电动机三相绕组为星形联结；当 KM2 触点断开，KM3 触点闭合时，电动机三相绕组为三角形联结。

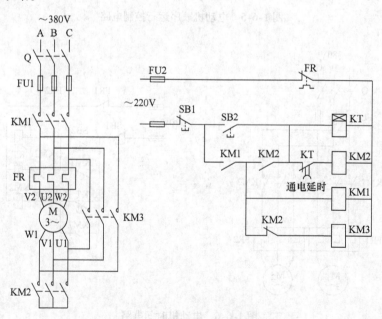

图 1-6-8　电动机丫 - △起动控制电路

按动控制按钮 SB2 时，时间继电器 KT、接触器 KM2 和 KM1 吸合，此时 KM2 的常闭触点断开、常开触点闭合，电动机此时为星形联结，同时 KM1 通电，使其常开触点 KM1 闭合，电动机自锁起动运行；当时间继电器 KT 延时到所设定的动作时间时，其常闭触点断开，使得 KM2 断电，KM2 的常开和常闭触点回到复位状态，使 KM3 吸合，KM1 仍保持吸合，电动机改变为三角形联结持续运行。

按图连接电路，检查线路连接准确无误后，才可以通电操作。

注：主电路中 U1、V1、W1、U2、V2、W2 是电动机三相绕组出线头。

（H）设计一个工作台往返运行的控制电路

参考实验内容（D）电动机正反转控制电路原理，自行设计一个可完成工作台往返运动的自动控制电路，并连接出实际电路验证。要求工作台两端用行程开关限位，两端还应该有超限保护限位开关。其安装结构如图 1-6-9 所示。

实验过程中，首先按动一个方向的起动控制按钮，使电动机起动运行，稍后可用手按动行程开关模拟工作台档块已压到行程开关，此时电动机应反转；之后当按动另外一端行程开关时，相当于工作台已经到达了这一端，电动机应再次反转，如此反复操作以验证电路的正确性。当按动超限保护开关时，电动机应停止转动。

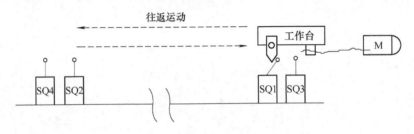

图 1-6-9　工作台自动往返控制示意图

工作台往返控制参考电路：

工作台自动往返控制电路是利用行程开关来实现控制电动机的正反转，用电动机的正反转带动工作台，使工作台在安放的两个限位行程开关之间往复运动。

参考电路如图 1-6-10 所示，SQ1 和 SQ2 是工作台限位行程开关，SQ3 和 SQ4 是工作台超限保护行程开关。当工作台停在限位行程开关 SQ1 和 SQ2 之间的任意位置时，可以按动任意方向的起动按钮使工作台运动，当工作台到达预定限位行程开关位置时，工作台的档块压下限位开关（如图 1-6-9 中所示

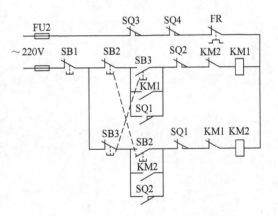

图 1-6-10　工作台自动往返控制电路

压下 SQ1），电动机将反向转动，工作台向 SQ2 方向运动，当工作台压下 SQ2 时，电动机将再次反向转动，由此可实现往复运动。

当工作台到达 SQ1 或 SQ2 预定位置而未反向运动，并且越过 SQ1 或 SQ2 档块将会压下超限保护行程开关 SQ3 或 SQ4 时，电动机将停止转动，这样可防止工作台运行超过极限位

置发生事故。出现这种情况时，必须及时对电路的故障点进行维修，之后设备才可恢复正常使用。

七、实验总结报告

(1) 参照附录1及附录2的相关要求撰写实验报告。

(2) 正确工整地画出实验电路图，写明所用实验电器的型号及其参数。

(3) 分析并说明实验电路的原理。

(4) 分析实验中发生错误的原因。

(5) 如果电动机的功率增大，应该如何考虑选择电路中的电器。

(6) 提出其他你认为需要讨论的问题。

第二章　模拟电子实验与实践

基础实验一　晶体管两级放大电路

一、实验目的

（1）掌握两级阻容耦合放大电路静态工作点的调整及测量。

（2）掌握两级阻容耦合放大电路电压放大倍数测量方法。

（3）了解放大器的频率特性。

二、实验内容

（1）对放大器各级电路的静态工作点进行调整及测量。

（2）对放大电路的放大倍数进行测量。

（3）测量放大器的幅频特性。

三、实验用仪器设备

（1）直流稳压电源（GPS–2303C 型）一台。

（2）模拟示波器（GOS–620 型）一台。

（3）交流毫伏表（GVT–417B 型）一台。

（4）函数信号发生器/计数器（EE1641C 型）一台。

（5）数字多用表（PF66B 型）一台。

（6）多孔实验板一块。

四、实验预习

（1）阅读基本交流放大电路的相关理论知识。

（2）阅读第五章常用电子仪器中的直流稳压电源、模拟示波器、交流毫伏表、函数信号发生器/计数器、数字万用表的使用方法。

（3）阅读了解第六章实验设备介绍中的相关组件。

（4）了解实验过程，熟悉电路接线图。

（5）计算出被测量的理论值，供实验中参考。

五、实验原理及实验操作

1. 实验原理

在实际的应用中，经常遇到需要放大的信号十分微弱的情况，要把这种微弱的信号放大几百倍或几千倍，单一级的晶体管放大器是无法实现的，遇到这种情况时通常采用多级放大器来实现。而在实现多级放大器的电路中，前级和后级之间的连接也有多种方式，阻容耦合方式是多级放大器之间经常采用的一种连接方式。

阻容耦合放大电路由于前、后级之间是通过耦合电容相连的，因电容器具有隔直流作用，故各级的静态工作点是彼此独立的。

在由单级放大电路组合构成多级放大电路时，可根据电路每一级的电压放大倍数计算出总的电压放大倍数。

两级放大器的放大倍数的计算公式为

$$A_u = \frac{U_{o2}}{U_{i1}} = \frac{U_{o1}}{U_{i1}} \frac{U_{o2}}{U_{o1}} = \frac{U_{o1}}{U_{i1}} \frac{U_{o2}}{U_{i2}} = A_{u1} A_{u2}$$

放大器工作频率是有一定范围的，在低频域或高频域时，其放大倍数都会有所下降。放大器的电压放大倍数与频率的这种关系称为幅频特性。测量放大器的幅频特性，一般可以用逐点法测量（或扫频仪测量）。所谓逐点法测量就是固定放大器的输入信号幅度，用电压表或示波器逐个频率点测量出放大器的输出电压，然后做出放大器放大倍数随频率变化的关系曲线。

2. 实验操作

如图 2-1-1 所示为晶体管两级放大器电路，按图正确的连接电路。

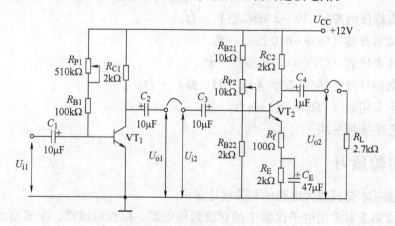

图 2-1-1　晶体管两级放大器

（1）放大器静态工作点的调整及测量

输入端 U_{i1} 先不接入信号，接通 12V 电源后，用数字多用表直流电压档进行测量。调节 R_{P1}，使 U_{C1} 为 7V 左右，以确定第一级静态工作点 Q_1；调节 R_{P2}，使第二级静态工作点 Q_2 大致在交流负载线的中点（按电路的参数，实验前用图解法求出 U_{CE2} 的数值）。按表 2-1-1 中的要求测量和记录数据。

表 2-1-1　静态工作点测量表

	第一级		第二级		
	U_{C1}/V	U_{B1}/V	U_{C2}/V	U_{B2}/V	U_{E2}/V
测量值					

（2）放大器放大倍数的测量

1）将前后两级放大器连接在一起，用函数信号发生器在放大器的输入端 U_{i1} 加入一个 1kHz、1mV 的正弦波信号；用示波器观察第一级和第二级的输出波形有无失真，若有失真现象，则应微量调整 R_{P1} 或 R_{P2} 以改变静态工作点，使波形不失真为止；用交流毫伏表测量放大器输出端电压，并将数据记录到表 2-1-2 中，计算其放大倍数。

说明：若因为波形失真而调整了 R_{P1} 或 R_{P2}，则应重新测量表 2-1-1 的数值。

表 2-1-2　放大倍数测量表

负载	测量			计算		
	输入电压	输出电压		第一级	第二级	两级
	U_{i1}/mV	U_{o1}/mV	U_{o2}/mV	A_{u1}	A_{u2}	A_u
无 R_L						
有 R_L						

2）在无 R_L 的情况下，将放大器的第一级输出端和第二级输入端断开，使其成为两个彼此独立的单级放大电路。分别在第一级加入 1kHz、1mV 的正弦波信号，第二级加入 1kHz、10mV 的正弦波信号，用交流毫伏表测量各自放大器的输出端电压，并将数据记录到表 2-1-3 中，计算其放大倍数。

表 2-1-3　输出端电压测量表

第一级			第二级		
测量		计算	测量		计算
U_{i1}/mV	U_{o1}/mV	A_{u1}	U_{i2}/mV	U_{o2}/mV	A_{u2}
1			10		

（3）放大器的幅频特性

将前后两级放大器连接在一起，并且接入 R_L，信号由 U_{i1} 端输入，函数信号发生器的频率由低到高改变，用交流毫伏表先大致观察放大器输出端 U_{o2} 在哪个下限频率 f_L 和上限频率 f_H 时输出幅度会下降；然后保持输入端信号为 1mV，测量 U_{o2} 的值，将频率和电压记录在表 2-1-4 中。在特性平直部分可少测量几个点，而在特性弯曲部分应多测量几个点。

注：为了使测量取值合适，可先粗略测量一下，找出 f_L 和 f_H 的大致位置，然后再仔细测量。

表 2-1-4　幅频特性记录表

	f_L附近			中频段			f_H附近		
调节 f									
测量 U_{o2}									

六、实验总结报告

（1）参照附录 1 及附录 2 的相关要求撰写实验报告。

（2）用实验数据分析实验结论。

（3）根据表 2-1-4 的数据画出幅频特性曲线。

（4）提出其他你认为需要讨论的问题。

基础实验二　差动放大电路

一、实验目的

（1）掌握差动放大电路测试方法。

（2）加深对差动放大电路工作原理及特点的理解。

（3）了解零点漂移产生的原因及抑制零点漂移的方法。

二、实验内容

（1）对典型差动放大电路静态工作点进行测量。

（2）测量典型差动放大电路的差模电压放大倍数及共模电压放大倍数，并观察和记录波形。

（3）对具有恒流源的差动放大电路静态工作点进行测量。

（4）测量具有恒流源的差动放大电路的差模电压放大倍数及共模电压放大倍数，并观察和记录波形。

三、实验原理简述

差动放大电路是一种对零点漂移具有很强抑制能力的基本放大电路，它不仅能有效地放大交流信号，而且能有效减小由于电源波动和晶体管随温度变化引起的零点漂移，它常用作多级放大电路的前置级，用以放大微弱的直流信号或交流信号。

基本的差动放大电路如图 2-2-1a 所示，它是由两个完全对称的共发射极单管放大电路组成，信号从两管的基极输入，从两管的集电极输出，这种连接方式称为双端输入－双端输出方式，这种电路的两个输入信号的差值为电路有效输入信号，电路的输出是对这两个输入信号之差的放大。设想这样一种情况：如果存在干扰信号，会对两个输入信号产生相同的干扰，通过二者之差，干扰信号的有效输入为零，这就达到了抗共模干扰的目的。

差动放大电路的工作原理是：当输入信号 $U_i = 0$ 时，两晶体管的电流相等，集电极电位也相等，所以输出电压 $U_0 = U_{C1} - U_{C2} = 0$。当温度上升时，由于它们处于同一温度环境，因此两管的电流和电压变化量均相等，其输出电压仍然为零。

差动放大电路的放大作用对输入信号有两种类型，即差模信号和共模信号。对于差动放大电路来说，两个输入端输入极性相反、幅值相同的输入信号为差模信号，也就是要放大的有用的信号；同时输入一对同极性、同幅值的输入信号为共模信号，如零点漂移、工频电源干扰就是这种信号。

1. 静态工作点的估算

典型差动放大电路如图 2-2-1a 所示。

$$I_E = (\,|\,U_{EE}\,| - U_{BE})/R_e \quad (\text{认为 } U_{B1} = U_{B2} \approx 0)$$

$$I_{C1} = I_{C2} = (1/2)I_E$$

恒流源差动放大电路如图 2-2-1b 所示。

$$I_{C3} \approx I_{E3} \approx \{[R_2/(R_1 + R_2)](U_{CC} + |\,U_{EE}\,|) - U_{BE}\}/R_{e3}$$

$$I_{C1} = I_{C2} = (1/2)I_{C3}$$

2. 差模信号

在差模信号的作用下，由于信号的极性相反，因此一只晶体管的集电极电压下降，另一只晶体管的集电极电压上升，且二者的变化量的绝对值相等，差动电路的差模电压放大倍数等于单管电压的放大倍数。单端输出电压放大倍数为

$$A_{d1} = U_{C1}/U_i$$

双端输出电压放大倍数为

$$A_d = U_0/U_i$$

3. 共模信号

在共模信号的作用下，对两管的作用是同向的，将引起两管电流同量的增加，集电极电位也同量减小，因此两管集电极输出共模电压 U_{OC} 为零。单端输出电压放大倍数为

$$A_{C1} = U_{C1}/U_i$$

双端输出电压放大倍数为

$$A_C = U_0/U_i$$

4. 共模抑制比 CMRR

为了表征差动放大电路对有用信号（差模信号）的放大作用和对共模信号的抑制能力，通常用一个综合指标来衡量，即共模抑制比

$$CMRR = |\,A_d/A_c\,|$$

四、实验用仪器设备及元器件

1. 实验用仪器设备

（1）直流稳压电源（GPS – 2303C 型）一台。

（2）模拟示波器（GOS – 620 型）一台。

（3）交流毫伏表（GVT – 417B 型）一台。

（4）函数信号发生器/计数器（EE1641C 型）一台。

（5）数字万用表一块。

（6）多孔实验板一块。

（7）导线和短路桥若干。

2. 实验用元器件

（1）晶体管：9013。

（2）电阻：1kΩ、5.1kΩ、10kΩ、36kΩ、68kΩ。

（3）可变电阻：220Ω。

五、实验预习

（1）阅读差动放大电路的相关理论知识。

（2）阅读第五章常用电子仪器中的直流稳压电源、模拟示波器、交流毫伏表、函数信号发生器/计数器、数字万用表的使用方法。

（3）阅读了解第六章实验设备介绍中的相关组件。

（4）了解实验过程，熟悉电路接线图。

（5）计算出被测量的理论值，供实验中参考。

六、实验操作

关于实验仪器的说明：

参见第一章主题实验四虚线框内"关于实验中使用的仪器构造的说明"本实验需将仪器的"地线"断开，否则差模信号输入和毫伏表直接测量 U_O 以及示波器观察波形等将无法进行。

1. 典型差动放大电路参数测量

按图 2-2-1a 所示正确连接电路，构成典型差动放大电路。

（1）放大器静态工作点的测量

将两个输入端 A 和 B 接地，接通电源，首先用数字万用表测量 U_O 两端电压，调节图中的调零可变电阻 R_P，使 U_O 两端电压为零；然后再按表 2-2-1 中的要求将测量的数据记录在表格中。

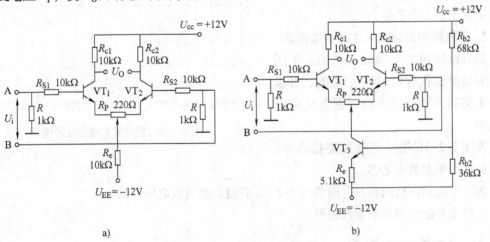

a)　　　　　　　　　　　　　　　　b)

图 2-2-1　差动放大电路

表 2-2-1　差动放大电路参数测量表

测量值							计算值		
VT$_1$			VT$_2$			R_e电压			
U_{e1}	U_{b1}	U_{c1}	U_{e2}	U_{b2}	U_{c2}	U_{Re}	I_c	I_b	U_{ce}

（2）放大器放大倍数的测量

1）测量差模电压放大倍数。把之前测量放大器静态工作点时输入端接地两根线拆除，将函数信号发生器的输出端（红色线）接放大器输入端 A，地端（黑色线）接放大器输入端 B；调节输入信号频率为 $f=1\text{kHz}$ 的正弦波信号，并使输出旋钮旋至零（使输入电压 U_i 为 0），用示波器监视放大器的输出端（集电极 C_1 或 C_2 与地之间）。

逐渐增大输入电压 U_i（约 $50\sim100\text{mV}$），在输出波形无失真的情况下，用交流毫伏表测量 U_i、U_{C1}、U_{C2} 的数据，并记入表 2-2-2 中，并用示波器观察 U_{iA}、U_{iB}、U_{C1}、U_{C2} 之间的相位关系，将波形记录于图 2-2-2 中。

表 2-2-2　典型差动放大电路测量表

	U_i	测量值			计算值			
差模输入	100mV	U_{C1}	U_{C2}	U_0	A_{d1}	A_{d2}	A_d	CMRR
共模输入	1V	U_{C1}	U_{C2}	U_0	A_{C1}	A_{C2}	A_C	

2）测量共模电压放大倍数。将放大器输入端 A、B 短接，信号源接 A 端与地之间，构成共模输入方式，调节输入信号为 $f=1\text{kHz}$，$U_i=1\text{V}$，在输出电压无失真的情况下，用交流毫伏表测量 U_{C1}、U_{C2} 之值，记入表 2-2-2 中，并用示波器观察 U_i、U_{C1}、U_{C2} 之间的相位关系，将波形记录于图 2-2-2 中。

2. 恒流源的差动放大电路参数测试

具有恒流源的差动放大电路。采用晶体管恒流源代替发射极电阻 R_e，可以进一步提高差动放大电路抑制共模信号的能力。

按图 2-2-1b 所示正确地连接电路，构成恒流源差动放大电路。

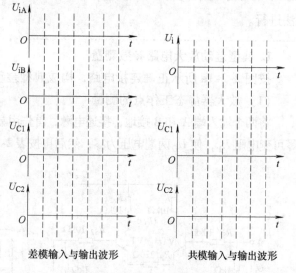

左：差模输入与输出波形　　右：共模输入与输出波形

图 2-2-2　差动放大电路波形图

测试方法和测试内容与上面的图 2-2-1a 典型差动放大电路相同。

自拟表格记录测量数据及波形。

七、实验总结报告

（1）参照附录 1 及附录 2 的相关要求撰写实验报告。

（2）用实验数据分析实验结论，说明两种差动放大电路性能的差异及其原因。

（3）画出实验中观察到的波形，比较其相位关系。

（4）提出其他你认为需要讨论的问题。

主题实验三　　单管放大器电路

一、实验目的

（1）掌握基本交流放大电路静态工作点的调整及测量方法。

（2）掌握直流稳压电源、模拟示波器、交流毫伏表、函数信号发生器、数字多用表的使用方法。

（3）掌握在不同偏置条件下静态工作点对放大电路的影响，加深对基本交流放大电路放大特性的理解。

（4）了解交流放大电路的输入电阻和输出电阻的测量方法。

（5）通过实际应用电路的实践，加深对晶体管开关特性的理解。

二、实验内容

（A）共射极放大电路。

（B）分压式偏置放大电路。

（C）共集电极放大电路（射极输出器）。

（D）晶体管的开关特性的应用。

三、实验用仪器设备及元器件

1. 实验用仪器设备

（1）直流稳压电源（GPS－2303C 型）一台。

（2）模拟示波器（GOS－620 型）一台。

（3）交流毫伏表（GVT－417B 型）一台。

（4）函数信号发生器/计数器（EE1641C 型）一台。

（5）数字多用表（PF66B 型）一台。

（6）多孔实验板一块。

（7）导线和短路桥若干。

2. 实验用元器件

（1）电阻：1kΩ、2kΩ、2.2kΩ、5.1kΩ、10kΩ、51kΩ、62kΩ、100kΩ。

（2）可变电阻：10kΩ、510kΩ、1MΩ。

（3）电容：10μF、22μF。

（4）晶体管：9013。

（5）二极管：1N4001。

四、实验预习

（1）阅读基本交流放大电路的相关理论知识。

（2）阅读第五章常用电子仪器中的直流稳压电源、模拟示波器、交流毫伏表、函数信号发生器/计数器、数字万用表的使用方法。

（3）阅读了解第六章"实验设备介绍"中相关组件。

（4）了解实验过程，熟悉电路接线图。

（5）计算出被测量的理论值，供实验中参考。

五、实验操作

> 实验操作注意事项：
> 　　实验中切忌将函数信号发生器及直流稳压电源输出端短路，以免损坏仪器。

实验接线时函数信号发生器、示波器、毫伏表等信号传输线的"黑色插头"应保持接在实验电路"地"的位置，如图 2-3-1 所示。

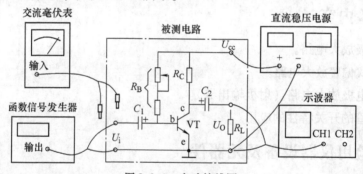

图 2-3-1　实验接线图

（A）共射极放大电路

实验原理

（1）通常情况下放大器的基本任务是不失真地将输入信号进行放大，由于它的放大性能与静态工作点的设置有直接关系，所以要使放大器工作良好，首先必须设置合适的静态工作点。

如图 2-3-2 是共射极放大电路，放大电路的静态工作点由下列关系确定：

$$Q: \begin{cases} I_B = \dfrac{U_{CC} - U_{BE}}{R_B} \\[2mm] I_C = \beta I_B \\[2mm] U_{CE} = U_{CC} - I_C R_C \end{cases}$$

式中 β 为晶体管的直流电流放大系数。

由此可知，改变 U_{CC}、R_C、R_B 其中任一参数，静态工作点都会改变。本实验通过改变 R_B 来改变放大器的静态工作点。

（2）放大器的放大倍数 A_u 可用输入电压 U_i 和输出电压 U_O 之比值计算，用交流毫伏表可测出 U_i、U_O 电压的有效值。

实验操作

1. 放大器静态工作点的设置及测量

按图 2-3-2 正确地连接电路，$U_{CC} =$ 12V，$R_L = \infty$，输入端先不接入信号。调节 R_P，用数字多用表直流电压档，按表2-3-1中的要求测量和记录数据。其中在调节测量 U_{CE} 电压为6V 左右时，还需用数字多用表测量 R_B 的电阻值。

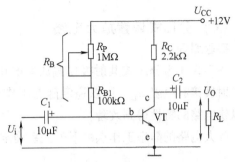

图 2-3-2　共射极放大电路

表 2-3-1　共射极静态工作点测量表

测量条件 ＼ 测量	U_{BE}/V	U_{CE}/V
调节 R_P 到最大		
调节 R_P 到最小		
U_{CE} 电压调在6V 左右，$R_B = $ _____		

2. 放大器放大倍数的测量

按图 2-3-2 的参数，将电路的静态工作点 U_{CE} 调整为 6V 左右，然后按图 2-3-1 将仪器正确地与放大器电路连接。函数信号发生器在放大器的输入端加入一个 1kHz、10mV 的正弦波信号，用交流毫伏表测量放大器的输入端和输出端的电压，并将数据及波形记录到表 2-3-2中，计算其放大倍数 $A_u = U_O/U_i$。

表 2-3-2　共射极放大倍数测量数据及波形记录表

测量条件 ＼ 测量	R_L	U_O	计算 A_u	记录一组输出波形
调节 R_P 使 $U_{CE} = 6V$	10kΩ			
	2kΩ			

3. 用示波器观察改变 Q 点对放大器输出波形的影响

在图 2-3-2 所示电路中，选择 $R_L = 2k\Omega$，在放大器输入端未接函数信号发生器的条件下，调节可变电阻 R_P，使 U_{CE} 电压在 6V 左右；然后接入函数信号发生器，使信号的频率为 1kHz、波形为正弦波；再调节函数信号发生器的幅值大小，使放大器输入端加入的信号由小到大增加，同时用示波器观察放大器输出端波形的变化情况，直到放大器输出端的波形刚要失真为止（输出波形不出现削底或缩顶的现象），此时的放大器的输出端波形应为正弦波形，然后按表 2-3-3 中要求改变 R_B 的数值（即改变 Q 点），并将波形记录在表格中。

表 2-3-3　共射极放大器输出波形记录表

测量 ＼ 测量条件	调节 R_P 使 $U_{CE} = 6V$ 左右	调节 R_P 到最大	调节 R_P 到最小
记录输出波形			

（B）分压式偏置放大电路

实验原理

图 2-3-3 为分压式共射极偏置放大电路，电路采用 R_{B1} 和 R_{B2} 组成分压式偏置电路，并在发射极接有电阻 R_E，用以稳定静态工作点，在环境温度和晶体管电流增益变化较大时，可以使电路的特性得到改善。

放大电路的静态工作点由下列关系确定

$$Q: \begin{cases} U_B = \dfrac{R_{B2}}{R_{B1} + R_{B2}} U_{CC} \\[2mm] I_C = I_E = \dfrac{U_B - U_{BE}}{R_E} \\[2mm] U_{CE} = U_{CC} - I_C R_C - I_E R_E \end{cases}$$

静态值是 I_C、I_B 和 U_{CE}，因此：

$$I_B = \frac{I_C}{\beta}$$

实验操作

1. 放大器静态工作点的调整及测量

按图 2-3-3 正确的连接电路，$U_{CC} =$ +12V，$R_L = \infty$，输入端先不接入信号。按表 2-3-4 中的要求调节可变电阻 R_P，用数字多用表直流电压档测量，其中使 U_E 电压为 1V 时，还需用数字多用表的电阻档测量 R_{B1} 的数值，将测量数据记录在表中。

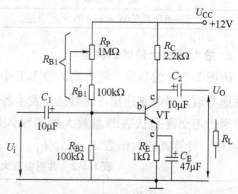

图 2-3-3　分压式共射极偏置放大电路

表 2-3-4　分压式偏置电路静态工作点的测量数据记录表

测量条件	U_E/V	U_B/V	U_{CE}/V
调节 R_P 到最大			
调节 R_P 到最小			
调节 R_P，使 $U_E = 1\text{V}$　$R_{B1} =$ _____			

2. 放大器放大倍数的测量

使放大器的静态工作点调整在放大区，将函数信号发生器接放大器的输入端并且调整信号为 1kHz、10mV 的正弦波，用交流毫伏表测量放大器的输入端和输出端的电压，并将数据记录到表 2-3-5 中，计算其放大倍数 $A_u = U_O / U_i$。按照波形相位记录一组输入和输出波形。

表 2-3-5 分压式共射极放大倍数实验测量数据及波形记录表

C_E	R_L	U_i	U_O	计算 A_u	记录一组输入及输出波形
无 C_E	10kΩ				
有 C_E	10kΩ				
	2kΩ				

3. 用示波器观察改变 Q 点对放大器输出波形的影响

在图 2-3-3 所示电路中，选择 $R_L = 2kΩ$，在放大器输入端未接函数信号发生器的条件下，调节可变电阻 R_P，使电压 U_{CE} 在 6V 左右；然后接入函数信号发生器，使其频率为 1kHz、波形为正弦波；再调节函数信号发生器的幅值，使放大器输入端加入的信号由小到大增加，同时用示波器观察放大器输出端波形，直到放大器输出端的波形刚要失真为止（输出波形不出现削底或缩顶的现象），此时的放大器的输出端波形应为正弦波形。然后按下表改变 R_{B2} 的数值（即改变 Q 点），将观察的波形记录在表 2-3-6 中。

表 2-3-6 分压式共射极放大器波形记录表

测量 测量条件	$R_{B2} = 100kΩ$	$R_{B2} = 620kΩ$	$R_{B2} = 20kΩ$
记录输出波形			

（C）共集电极放大电路（射极输出器）

共集电极放大电路的特点是有较高的输入电阻和较低的输出电阻，电压放大倍数小于 1，并且近似等于 1，输入电压与输出电压相同。对于交流信号，集电极成为输入信号和输出信号的公共端，所以称为共集电极电路。由于电路的输出信号是由发射极取出，所以又被称为"射极输出器"。射极输出器电路如图 2-3-4 所示。

1. 用示波器观察电压的跟随情况

1）用数字多用表的直流电压档测量 U_E 的电压，调整可变电阻 R_P，使 $U_E = 2.2V$，此时 $I_E = 1mA$。

2）用函数信号发生器在电路的输入端加入 1kHz、0.5V 的正弦交流信号，用示波器同时观察电路的输入端和输出端的波形，比较波形的幅值和相位，并将观察的波形记录到图 2-3-5 的坐标系中。

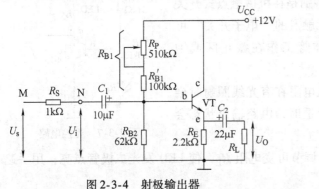

图 2-3-4 射极输出器　　　　　　　　图 2-3-5 射极输出器波形记录

2. 输入电阻 r_i 和输出电阻 r_o 的测量

测量输入电阻 r_i 和输出电阻 r_o 的等效电路如图 2-3-6所示，用函数信号发生器在电路的输入端加入 1kHz、0.5V 的正弦交流信号。

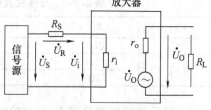

图 2-3-6　测量输入电阻 r_i 和输出电阻 r_o

（1）输入电阻 r_i 的测量

用交流毫伏表分别测量 U_S 和 U_i，将数据记录到表 2-3-7 中。并计算输入电阻 r_i：

$$r_i = \frac{U_i}{I_i} = \frac{U_i}{\dfrac{U_R}{R_S}} = \frac{U_i}{U_S - U_i} R_S$$

测量方法说明：

由于仪器构造的原因（见第一章主题实验四中"关于实验中使用的仪器构造的说明"），不能用交流毫伏表直接测量电阻 R_S 两端的电压 U_R，需分别测量出 U_S 和 U_i，然后再由 $U_R = U_S - U_i$ 计算出 U_R 的值。

（2）输出电阻 r_o 的测量

用交流毫伏表分别测量放大器输出端不接负载电阻 R_L 时的 U_O 和输出端接负载电阻 $R_L = 10\text{k}\Omega$ 时的 U_L，将数据记录到表 2-3-7 中，并计算输出电阻 r_o。

$$U_L = \frac{R_L}{r_o + R_L} U_O$$

即

$$r_o = \left(\frac{U_O}{U_L} - 1 \right) R_L$$

表 2-3-7　射极输出器测量输入电阻 r_i 和输出电阻 r_o 记录表

测　量　值				计　算　值	
U_S	U_i	U_O	U_L	r_i	r_o

（D）晶体管开关特性的应用

晶体管除了可以用在交流信号放大器中，在许多实际应用中还可以作为"电子开关"来使用，特别是在机械触点式开关达不到高速开关要求的电路中，此类无触点的"电子开关"可以解决对开关速度的要求。此时晶体管工作在截止区或饱和区。

如图 2-3-7 所示是光控电路，光敏电阻在有光线照射时会改变自身的电阻值，在电路参数调整合适时，电路输出状态会受到光照的影响发生改变。

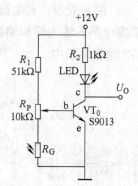

图 2-3-7　光控电路

在光敏电阻有光线照射的情况下，调节可变电阻 R_P，使 LED 发光二极管点亮；用手遮挡光敏电阻，观察 LED 发光二极管是否熄灭，若 LED 不熄灭，再调节可变电阻使其熄灭。反复以上调节过程，使电路达到有光线照射光敏电阻时，LED 发光二极管点亮；用手遮挡光敏电阻时，LED 发光二极管熄灭，并且受控状态稳定可靠。然后用数字万用表分别测量晶体管 b、c 点的电压 U_b 和 U_c，将数据记录到表 2-3-8 中。

表 2-3-8　光控电路测量数据记录表

光敏电阻有光照		光敏电阻无光照	
U_b/V	U_c/V	U_b/V	U_c/V

六、实验总结报告

（1）参照附录 1 及附录 2 的相关要求撰写实验报告。

（2）用实验数据分析实验结论。

（3）提出其他你认为需要讨论的问题。

主题实验四　集成运算放大器（比较器）的应用

一、实验目的

（1）掌握集成运算放大器的应用。

（2）掌握集成运算放大器所能实现的基本运算。

（3）掌握电路正负电源的连接方法。

（4）了解比较器的应用。

（5）了解集成运算放大器在波形变换方面的应用。

二、实验内容

以下的全部实验内容大约需要 6 学时能完成，同学们可以根据自己的能力和实验课程学时的安排自行选择完成一部分实验内容的操作。

（A）模拟运算电路。

（1）反相比例运算，同相比例运算。

（2）反相加法运算，同相加法运算。

（3）差动放大电路（减法器）。

（B）比较器应用电路。

（1）反相输入电压比较器。

（2）由比较器构成的电平测量电路。

（3）比较器构成的温度过热保护电路。

（C）波形变换电路。

（1）积分电路。

（2）微分电路。

三、实验用仪器设备及元器件

1. 实验用仪器设备

（1）直流稳压电源（GPS – 2303C 型）一台。

（2）数字万用表或数字多用表一块。

（3）模拟示波器（GOS – 620 型）一台。

（4）函数信号发生器（EE1641C 型）一台。

（5）多孔实验板一块。

（6）低电压导线若干。

2. 实验用元器件表

符号	名称	型号、参数
IC	集成运算放大器	μA741，见附录7
IC	比较器	LM339，见附录7
R	电阻	510Ω、1kΩ、4.7kΩ、6.2kΩ、8.2kΩ、9.1kΩ、10kΩ、12kΩ、15kΩ、20kΩ、30kΩ、100kΩ、560kΩ、1MΩ
R_t	热敏电阻	10kΩ 正温度系数
C	电容器	0.1μF
R_P	可变电阻	1kΩ、10kΩ
VS	稳压二极管	6.2V
LED	发光二极管	红色、绿色

四、实验预习

（1）预习集成运算放大器的相关理论知识以及用运算放大器组成各种反相运算电路的运算关系式。

（2）根据给出的表格计算出被测量的理论值，供实验中参考。

（3）阅读第五章常用电子仪器中的直流稳压电源、数字万用表、模拟示波器等的使用方法。

（4）了解实验过程，熟悉电路接线图。

五、关于运算放大器和比较器

集成运算放大器是一种具有高增益的放大器，它具有体积小、可靠性高、漂移小等特点。因而，在许多方面都获得广泛的应用。其基本应用分为线性应用和非线性应用两类。当集成运放加负反馈使其闭环工作在线性区域时，可构成放大、正弦波震荡和有源滤波器等；当其处于开环或外加正反馈使其工作在非线性区域时，可构成电压比较器和矩形波发生器等。

由于运算放大器具有高增益、高输入电阻的特点，它组成运算电路时，必须工作在深度负反馈状态，此时输出电压与输入电压的关系取决于反馈电路的结构和参数，而与运算放大器本身的 A_u 无关。

集成运算放大器在线性应用方面可组成各种基本运算电路，如比例运算电路、加法运算电路、减法运算电路、积分和微分运算电路等，其信号的输入端可以在同相端也可以在反相端。

集成运算放大器也可以作为电压比较器来使用，它是将输入的模拟信号与一个参考电压进行比较，当输入的信号稍大于或小于参考电压时，输出电压会发生跃变，即达到负的或正的饱和值。

比较器和运算放大器虽然在电路图上符号相同，二者都可以输入模拟量，且都对输入进行高倍的放大，但是运算放大器输出的仍然是模拟量，而比较器输出的是"0"或"1"。两种器件内部电路结构有非常大的区别，对于频率比较低的情况，运算放大器完全可以代替比较器，但在任何情况下比较器都不能代替运算放大器。在对转换速率有要求时，运算放大器远不如专用的比较器，一般不可以互换使用。

比较器的设计是针对电压门限比较而用的，要求的比较门限精确，比较后的输出边沿上升或下降时间要短，不要求中间环节的准确度，因此应用中尽量少用运放做比较器，比较器和放大器最好是各司其责。

集成运算放大器在使用时应该注意的问题：

（1）在运算前应先对运算放大器直流输出进行调零，即在输入为零时使其输出也为零。

（2）输入信号选用交、直流量均可，但在选取信号频率和幅值时应考虑其频率响应特性和输出幅度的限制。

（3）发生自激振荡，表现为输入信号为零时也会有输出，使各种运算功能无法实现，应该采取措施消除。

六、实验操作

实验操作注意事项：

（1）实验中切忌将直流稳压电源任何一路两端短路，以免损坏直流稳压电源。

（2）直流稳压电源在接入电路时要确保极性的正确及合适的电压。

（A）模拟运算电路

1. 反相比例运算，同相比例运算

（1）反相比例运算

将需要运算的信号由运算放大器的反相输入端输入，反相输入比例运算电路的电压放大倍数为：$A_u = -R_f/R_1$，所以它的放大倍数可以大于1，等于1，或小于1（式中负号表示输入 U_i 与输出 U_o 反相）。

按图 2-4-1 所示连接电路，调节电路左侧模拟信号的可变电阻 R_P 可以得到所需要的输入信号 U_i。

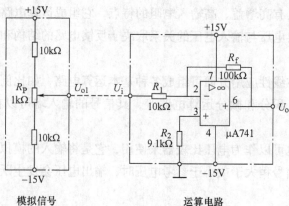

图 2-4-1　反相输入比例运算电路

用数字万用表测量运算放大器的输入端电压 U_i，调节可变电阻 R_P，使其按表2-4-1中取得数值，再用数字万用表测量对应的输出电压 U_o，将测得的数据记录在表格中，并与理论计算值进行比较，以验证反相比例关系式：

$$U_o = -\frac{R_f}{R_1}U_i$$

平衡电阻　$R_2 = R_1 /\!/ \sum\sum R_f$

表 2-4-1　反相比例运算测量表

输入	输　出	
	实际测量值	理论计算值
U_i/V	U_o/V	$U_{o理}/\text{V}$
0.4		
−0.2		

（2）同相比例运算

将需要运算的信号由运算放大器的同相输入端输入，同相输入比例运算电路的电压放大倍数为 $A_u = 1 + R_f/R_1$，所以它的放大倍数可以大于或等于1，但不能小于1。

按图2-4-2所示连接电路，调节电路左侧模拟信号的可变电阻 R_P 可以得到所需要的输入信号 U_i。

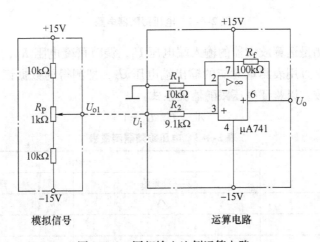

图 2-4-2　同相输入比例运算电路

用数字万用表测量运算放大器的输入端电压 U_i，调节可变电阻 R_P，使其按表2-4-2中取得数值，再用数字万用表测量对应的输出电压 U_o，将测得的数据记录在表格中，并与理论计算值进行比较，以验证同相比例关系式

$$U_o = \left(1 + \frac{R_f}{R_1}\right)U_i$$

平衡电阻为

$$R_2 = R_1 /\!/ R_f$$

表 2-4-2　同相比例运算测量表

输入	输出	
	实际测量值	理论计算值
U_i/V	U_o/V	$U_{o理}$/V
0.4		
−0.2		

当图 2-4-2 中的 $R_1 \to \infty$ 时，电路如图 2-4-3 所示，$U_o = U_i$，构成电压跟随器，图中 $R_2 = R_f$。

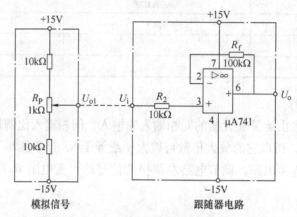

图 2-4-3　电压跟随器电路

用数字万用表测量运算放大器的输入端电压 U_i，调节可变电阻 R_P，使其按表 2-4-3 中取得数值，再用数字万用表测量对应的输出端电压 U_o，把测得的数据记录在表格中，并与理论计算值进行比较，以验证电压跟随器关系式：

$$A_u = U_o/U_i = 1$$

表 2-4-3　电压跟随器测量表

输入	输出	
	实际测量值	理论计算值
U_i/V	U_o/V	$U_{o理}$/V
0.4		
−0.2		

电压跟随器的输入电压与输出电压大小和相位一样，其输入阻抗很大，输出阻抗很小，常用作中间级，以"隔离"前后级之间的影响。

2. 反相加法运算，同相加法运算

（1）反相加法运算

反相加法运算为若干个输入信号从运算放大器的反相输入端输入，输出信号为它们反相按比例放大的代数和。

按图 2-4-4 所示连接电路，将需要相加的两个输入信号 U_{i1} 和 U_{i2} 由运算放大器的反相输入端输入，调节电路左侧模拟信号两只可变电阻 R_{P1} 和 R_{P2} 可以得到一组输入信号。

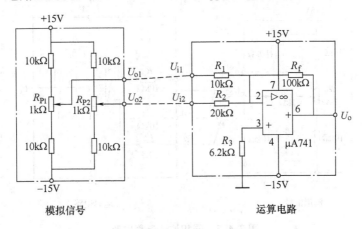

图 2-4-4　反相加法运算电路

调节可变电阻 R_{P1} 和 R_{P2}，用数字万用表分别测量运算放大器的输入端电压 U_{i1} 和 U_{i2}，使其按表 2-4-4 中取得数值，再用数字万用表测量对应的输出电压 U_o，把测得的数值记录在表格中，并与理论计算值进行比较，以验证反相加法关系式

$$U_o = -\left(\frac{R_f}{R_1}U_{i1} + \frac{R_f}{R_2}U_{i2}\right)$$

平衡电阻

$$R_3 = R_1 /\!/ R_2 /\!/ R_f$$

表 2-4-4　反相加法运算测量表

输入		输出	
		实际测量值	理论计算值
U_{i1}/V	U_{i2}/V	U_o/V	$U_{o理}/V$
+0.4	-0.2		
-0.4	-0.2		
+0.4	-0.4		

（2）同相加法运算

按图 2-4-5 所示连接电路，将需要相加的两个输入信号 U_{i1} 和 U_{i2} 由运算放大器的同相输入端输入。调节电路左侧模拟信号两只可变电阻 R_{P1} 和 R_{P2} 可以得到一组输入信号。

调节电位器 R_{P1} 和 R_{P2}，用数字万用表分别测量运算放大器的输入端电压 U_{i1} 和 U_{i2}，按表 2-4-5 中要求取得输入数值，再用数字万用表测量对应的输出电压 U_o，把测得的数值记录在表格中，并与理论计算值进行比较，以验证同相加法关系式

$$U_o = \left(1 + \frac{R_f}{R_3}\right)\left(R_1 /\!/ R_2\right)\left(\frac{U_{i1}}{R_1} + \frac{U_{i2}}{R_2}\right)$$

电路中电阻应满足

$$R_3 /\!/ R_f = R_1 /\!/ R_2$$

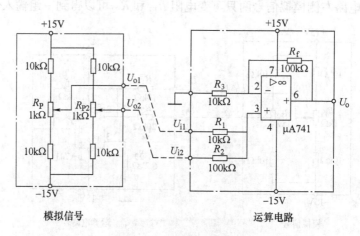

图 2-4-5　同相加法运算电路

表 2-4-5　同相加法运算测量表

输入		输出	
		实际测量值	理论计算值
U_{i1}/V	U_{i2}/V	U_o/V	$U_{o理}/V$
+0.4	−0.2		
−0.4	−0.2		
+0.4	−0.4		

3. 差动放大电路（减法器）

按图 2-4-6 所示连接电路，将两个输入信号 U_{i1} 和 U_{i2} 同时由运算放大器的同相输入端和反相输入端输入，调节电路左侧模拟信号的两只可变电阻 R_{P1} 和 R_{P2} 可以得到一组输入信号。

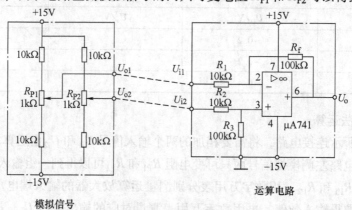

图 2-4-6　差动放大电路

用数字万用表分别测量运算放大器的输入端电压 U_{i1} 和 U_{i2}，调节可变电阻 R_{P1} 和 R_{P2}，按表 2-4-6 中要求取得输入数值，再用数字万用表测量对应的输出电压 U_o，把测得的数值记录在表格中，并与理论计算值进行比较，以验证差动放大电路关系式，即当 $R_1 = R_2$，$R_3 = R_f$ 时

$$U_o = \frac{R_f}{R_1}(U_{i2} - U_{i1})$$

表 2-4-6 差动放大电路测量表

输入		输出	
		实际测量值	理论计算值
U_{i1}/V	U_{i2}/V	U_o/V	$U_{o理}/V$
+0.4	−0.2		
0.2	+0.4		

输出电压 U_o 与两个输入电压的差值（$U_{i2} - U_{i1}$）成正比。差动放大器对元件的对称性要求比较高。

（B）比较器应用电路

集成运算放大器在某些情况下也可以作为比较器来使用。通常使其工作在开环状态，由于电压增益高，其输出只能是两个状态中的一种：或者是接近于正电源的电压值，或者是接近于负电源的电压值。

1. 反相输入电压比较器

如图 2-4-7 所示电路，在同相输入端设定一个参考电压（门槛电压），在反相输入端输入一个信号与之相比较。

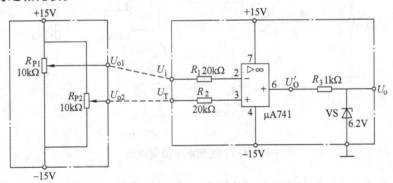

图 2-4-7 比较器电路

首先按表 2-4-7 的要求调节可变电阻 R_{P2}，设定一个门槛电压 U_T，用数字万用表测量其数值，将此电压记录到表格中；然后用数字万用表测量 U_i 电压，并调节可变电阻 R_{P1}，使其电压小于或大于设定的门槛电压 U_T，用数字万用表分别测量 U'_o 和 U_o 的电压，并将测得的数据记录在表格中。

表 2-4-7 比较器的测量记录表

测量条件		U_T	U_i	U'_o	U_o
$U_T \geq 0$	$U_i < U_T$				
	$U_i > U_T$				
$U_T < 0$	$U_i < U_T$				
	$U_i > U_T$				

将图 2-4-7 中 U_i 和 U_{o1}、U_T 和 U_{o2} 断开，去掉 R_2，集成运算放大器的 3 引脚接地，使其门槛电压 $U_T = 0$，构成过零比较器。将函数信号发生器波形选择为正弦波，频率在 500 ~ 1kHz 之间任选，波形幅度选择在 8 ~ 10V_{p-p}（峰峰值）之间，并由 U_i 端输入，用示波器同时观察比较输入端 U_i 及输出端 U'_o 的波形，并记录两个波形的对应关系，波形坐标图自拟。

2. 由比较器构成的电平测量电路

在数字电路中，经常需要对电路的逻辑电平进行准确判断，当某点的电压高于某一电压值时，把该点定义为"高电平"，当某点的电压低于某一电压值时，把该点定义为"低电平"。

如图 2-4-8 所示电路，是采用了 LM339 四比较器集成电路芯片构成的一种逻辑电平测量电路。图中 R_4、R_5、R_6 组成分压电路，在比较器 A1 的 7 引脚及比较器 A2 4 引脚分别形成固定的电压；R_2 和 R_3 组成分压电路，使比较器的 6 引脚及 5 引脚形成一个电压，此电压受输入端 U_i 的影响会产生变化。

用数字万用表按表 2-4-8 的要求对图 2-4-8 进行测量。

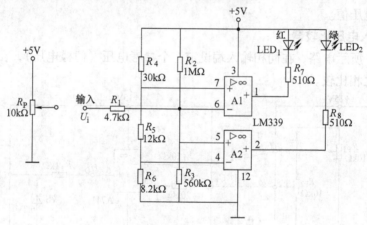

图 2-4-8　逻辑电平测量电路

说明：表 2-4-8 中电压的下脚标是 LM339 芯片的引脚号，如 U_6 是芯片 6 引脚的电压。

表 2-4-8　电压的测量记录表

		U_4	U_7	U_i	U_6	U_1	U_2
输入端 U_i 悬空							
U_i 接电位器滑动端	$U_i < U_4$						
	$U_4 < U_i < U_7$						
	$U_i > U_7$						

本实验可参见"第四章　实用小电路　电路八　逻辑笔"。

3. 比较器构成的温度过热保护控制电路

如图 2-4-9 所示电路，采用 LM339 芯片构成温度过热保护控制电路，热敏电阻为 10kΩ

负温度系数（温度越高时电阻值越小），当然，也可采用其他参数的热敏电阻，只需相应调整两只可变电阻 R_{P1} 和 R_{P2} 即可。

调节 R_{P2} 可以在比较器的同相输入端设定一个固定的门限电压值，也就是设定需要热保护对象温度值的大小。比较器的反相输入端的电压受控于热敏电阻 R_t，当 R_{P1} 调节到合适的阻值时，温度的变化会使比较器的反相输入端的电压高于或者低于同相输入端的门限电压。当被测温度为设定值以下时，比较器的反相输入端的电压小于同相输入端的电压，U_o 为高电平。当被测温度上升使比较器的反相输入端的电压高于同相输入端的电压时，比较器输出端 U_o 将反转为低电平，使保护电路动作。

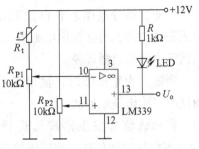

图 2-4-9　温控电路

以人体（手）的温度与室内自然温度作为对比，使比较器输出端反转，用数字万用表将测得的电压参数记录到表 2-4-9 中。

说明：表 2-4-9 中电压的下脚标是 LM339 芯片的引脚号，如 U_{11} 是芯片 11 引脚的电压。

表 2-4-9　温度变化电压参数记录表

测量条件	U_{11}	U_{10}	U_{13}
室内自然温度			
人体（手）温度			

（C）波形变换电路

1. 积分电路

积分电路如图 2-4-10 所示。由运算放大器构成的反相积分电路，可以把矩形波变换为三角波。

将函数信号发生器波形选择为矩形波，频率在 200~500Hz 之间任选，波形幅度选择在峰峰值为 5~10V$_{p-p}$ 之间，将此信号接到积分电路的输入端，用示波器双通道同时观察积分电路的输入端 U_i 及输出端 U_o 的波形。（若产生的三角波形上部或下部波形有缺陷，可适当调节函数信号发生器波形幅度大小，使积分电路产生的三角波形完整），并在图 2-4-11 坐标系上记录两个波形在时间上的对应关系。

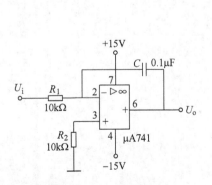

图 2-4-10　积分电路

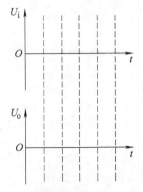

图 2-4-11　积分波形

2. 微分电路

由运算放大器构成的微分电路如图 2-4-12 所示。

说明：微分电路若有自激现象，在示波器上无法看到正常波形，可在反馈电阻 R_f 上并联一个小电容 C_2，以消除电路的自激现象。

当输入为矩形波时，输出是尖脉冲；当输入为三角波时，输出是矩形波。

将函数信号发生器波形选择为矩形波，频率在 $200 \sim 500\mathrm{Hz}$ 之间任选，波形幅度选择在 $1 \sim 3\mathrm{V_{p-p}}$（峰峰值）之间，将此信号接到微分电路的输入 U_i 端，用示波器双通道同时观察微分电路的输入端 U_i 及输出端 U_o 的波形，并参照图 2-4-11 记录输入 U_i 及输出 U_o 波形。

用同上的实验方式，将函数信号发生器波形选择为三角波，并参照图 2-4-11 记录输入 U_i 及输出 U_o 波形。

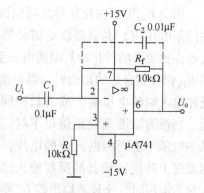

图 2-4-12　微分电路

七、实验总结报告

1. 参照附录 1 及附录 2 的相关要求撰写实验报告。

2. 整理实验数据，用测得的数据进行计算，与理论值相比较，分析产生误差的原因。

主题实验五 线性小功率直流稳压电源的设计

一、实验目的

（1）掌握小功率线性直流稳压电源整流、滤波、稳压电路的工作原理。

（2）掌握利用仪器设备对直流稳压电源基本参数进行测试，研究各电量之间的关系。

（3）了解小功率线性直流稳压电源的设计方法。

二、实验内容

（A）整流、滤波电路的测量。

（B）78××系列线性集成稳压器电源电路的测量。

（C）79××系列线性集成稳压器电源电路的测量。

（D）用集成稳压器组成的正负电源电路。

三、设计原理

任何电子装备都需要电源供电，低电压直流供电系统被广泛地应用在各种电路中。一个直流稳压电源电路包括变压器、整流电路、滤波电路、稳压电路等四部分电路。其电路原理框图及各相关点的电压波形如图2-5-1所示。

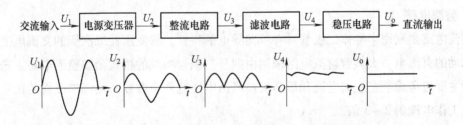

图 2-5-1 直流稳压电源电路原理框图及波形

本实验以设计一个电压为12V、电流为0.5A直流稳压电路为例。可按下面的次序来考虑确定各个部分的参数：稳压电路→电容滤波电路→桥式整流电路→变压器→熔丝。

1. 稳压电路

稳压电路的作用是当交流电源电压波动时或电源输出端所带的负载变化时，能自动保持输出端电压稳定不变。

7800系列线性直流集成稳压器具有结构简单、工作可靠、使用方便等优点，在许多场合能够满足使用要求，本实验选择7812芯片。根据附录7的芯片资料及设计要求，为使7812稳压芯片可靠工作，可将输入输出压差定为3V，因此，直流集成稳压器芯片输入端电压应确定为最小 15V。

需要注意的是：集成稳压器工作时，输入和输出压差过大会使器件自身功耗增加，在相同输出电流的情况下器件更易发热。7800 系列的集成稳压器的输出最大电流是 1.5A，这是器件在使用时充分散热条件下的最大输出电流。若未做到充分散热，输出电流应控制在器件发热产生的温升在允许范围以内。

2. 滤波电路

滤波电路是将整流后的单方向脉动的直流电变成平滑的直流电，其滤波形式有多种。电容滤波电路比较适合小功率电源，滤波电容一般采用有极性的电解电容，其容量大，滤波效果好。选择电解电容主要需要考虑耐压值和电容量这两个参数。

电容器的额定电压 U_C 应大于其两端所加电压的峰值，可取 $\sqrt{2}$ 倍，即

$$U_C = \sqrt{2}U_4 = \sqrt{2} \times 15V = 21V$$

式中，U_4 为图 2-5-1 中集成稳压器芯片输入端最小电压。

电容量的计算可以根据近似估算公式

$$R_L C = 5 \times T/2$$

式中，$R_L = 15V/0.5A = 30\Omega$，$T = 1/f = 1/50Hz = 0.02s$。

所以

$$C = 1/R_L \times 5 \times T/2 = 1/30\Omega \times 5 \times 0.02s/2 = 1667\mu F$$

根据上面的计算可选择有极性的电解电容器为 2200μF/35V。

另外，通常集成稳压器的输入端还需要接一只 0.33μF 电容，以改善纹波；输出端接一只 0.1μF 和 10μF 电容，可以改善负载的瞬态响应。参见图 2-5-3 电路。

3. 整流电路

整流电路是利用半导体二极管具有单向导电的特性，将变压器二次侧的交流电变换成单方向脉动的直流电。大多数整流电路采用由四只二极管构成的桥式全波整流电路。选择整流二极管主要应考虑额定正向电流和最高反向峰值电压这两个参数。整流二极管的额定电流一般应是工作电流的 2~3 倍。

1）额定正向电流。桥式整流电路中流过整流二极管的平均电流是负载平均电流的 1/2，所以

$$I_D = I_0/2 = 0.5A/2 = 0.25A$$

2）最高反向峰值电压。因为

$$U_4 = 1.2U_2$$

所以

$$U_{DRM} = \sqrt{2} \times U_2 = \sqrt{2} \times U_4/1.2 = \sqrt{2} \times 15V/1.2 = 17.7V$$

式中，U_2 为图 2-5-1 所示的变压器二次侧电压，U_4 为电容滤波后电压。

根据上述的计算再考虑实际应用的安全，参考附录 5，可选择 1N4000 系列整流二极管。

4. 变压器

变压器是将 220V 交流电压变换成所需要的低压交流电压，其功率可根据直流稳压电源需要输出的电流大小而定。

考虑到整流电路两只二极管的压降有 1.4V，变压器二次侧电压的有效值，根据估算公式为

$$U_4 + 1.4V = 1.2U_2$$

$$U_2 = (U_4 + 1.4V)/1.2 = (15V + 1.4V)/1.2 = 13.7V$$

还考虑到当电网波动 -10% 时电路仍能正常工作，所以变压器二次侧电压的有效值应该确定为

$$U_2 = 13.6V + 1.36V = 15V$$

变压器的电压比

$$K = 220V/15V = 14.7$$

变压器的输出功率为

$$S_出 = U_2I = 15V \times 0.5A = 7.5V \cdot A$$

变压器的输入功率为

$$S_入 = 7.5V \cdot A/90\% = 8.3V \cdot A （取传输效率 \eta = 90\%）$$

变压器连续工作功率可选择为计算值的 1.5 倍，所以变压器应取 13W。

5. 熔丝

为保证电器的安全，通常需要选择合适容量的熔丝。熔丝主要考虑电流的容量，其计算方法是：先以变压器二次电压除一次电压，再以得数除二次电流，最后将得数乘 5，即

$$U_1/U_2 = 220V/15V = 14.7$$

$$0.5A/14.7 = 0.034A$$

$$0.034A \times 5 = 0.17A$$

所以熔丝可选取 0.2A 容量。

四、实验用仪器设备及元器件

（1）数字万用表或数字多用表（PF66B 型）一台。

（2）模拟示波器（GOS-620 型）一台。

（3）单相自耦调压器一台。

（4）多孔实验板一块。

五、实验预习

（1）根据题目要求预习整流、滤波、稳压电路的相关理论知识。

（2）查找与线性集成稳压器相关的技术资料。

（3）按照"设计任务"中提出的要求，画出电路图。

（4）确定每个电路的主要测试点，根据各步的操作要求和电路参数，设计表格，以备实验操作时记录数据。

六、实验操作

实验操作注意事项：
（1）变压器一次侧电线不得有破损现象，以防止意外触电。
（2）单相自耦调压器的输入端与输出端切不可接反。原理说明见附录8。
（3）二极管、电解电容的极性要特别注意，不得接反。

（A）整流、滤波电路的测量

如图2-5-2所示，电路由变压器、整流电路、滤波电路组成。

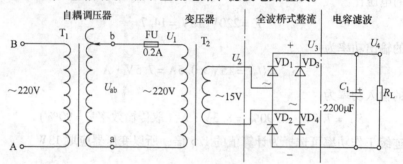

图2-5-2 变压、整流、滤波电路

半波整流电路的输出直流电压 U_3 与输入交流电压 U_2 之间的关系为

$$U_3 = 0.45 U_2$$

电容滤波后

$$U_4 = (0.9 \sim 1.4) U_2$$

输出空载时

$$U_4 = \sqrt{2} U_2$$

桥式全波整流电路的输出直流电压 U_3 与输入交流电压 U_2 之间的关系为

$$U_3 = 0.9 U_2$$

电容滤波后

$$U_4 = (1.2 \sim 1.4) U_2$$

输出空载时

$$U_4 = \sqrt{2} U_2$$

实验内容：

（1）首先将变压器的一次侧接到单相调压器输出端 a 和 b 两端，调压器的输入端 A 和 B 两端接到220V 交流电源上。缓慢调节调压器并用万用表监测，使变压器一次电压为220V。

（2）参考图2-5-1，按照表2-5-1中的电路形式要求，测量相关的数据，并将测得数据及波形图记录到表格中。

说明：将图2-5-2中的四只整流二极管去掉任意一只，可形成半波整流电路。

表2-5-1　整流电路电压及波形记录表

电路形式		U_2	U_3（U_4）	U_3（U_4）波形图
半波整流电路	无电容 $R_L = \infty$			
全波整流电路	无电容 $R_L = \infty$			
	有电容 $R_L = 300\Omega$			
	有电容 $R_L = 200\Omega$			

（B）78××系列线性集成稳压器电源电路的测量

图2-5-3所示电路是根据以上的原理设计的直流稳压电源电路。缓慢调节自耦调压器，使变压器一次电压为220V或电源波动±10%的电压242V和198V，以及使稳压电源带不同的负载，用数字万用表按表2-5-2对电路进行测量，并记录所测量的数据。

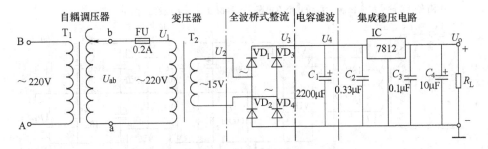

图2-5-3　12V直流稳压电源电路

表2-5-2　稳压电源电路的测量记录表

变压器一次电压/V	$R_L = \infty$			$R_L = 300\Omega$			$R_L = 200\Omega$		
	U_2	U_4	U_o	U_2	U_4	U_o	U_2	U_4	U_o
220									
198									
242									

（C）79××系列线性集成稳压器电源电路的测量

在电路中经常会用到负电源，79××系列线性集成稳压器就是一种能构成负电源的集成电路，其整流电路与78××最大不同在于整流桥的"+"极接"地"，整流桥的"-"极接79××芯片的输入端。还要特别注意滤波电容C_1的极性，切不可接错。负直流稳压电源电路如图2-5-4所示。

参考表2-5-2对图2-5-4进行测量。

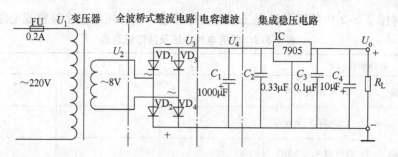

图 2-5-4　负直流稳压电源电路

（D）用集成稳压器组成的正负电源电路

在电子电路中，经常出现需要同时使用正电源和负电源的情况，图 2-5-5 所示电路是 ±15V 双电源电压输出的原理电路。二次侧带有中心抽头的变压器将 220V 交流电变换成两组 18V 的交流电，交流电经过四只二极管组成全波桥式整流电路，将交流电变成直流电，再经过电容滤波供给稳压电路，7815 和 7915 分别是 +15V 的集成稳压器和 −15V 的集成稳压器。

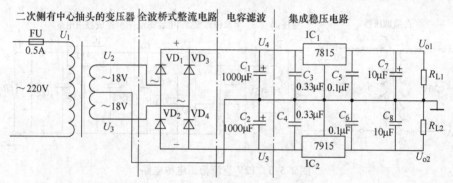

图 2-5-5　±15V 双电源电压输出原理电路

七、实验总结报告

（1）参照附录 1 及附录 2 的相关要求撰写实验报告。

（2）画出实验电路图，分析电路原理。

（3）用表格的形式整理实验数据和波形图，并与理论值进行比较，分析实验得到的数据与理论值不一致的原因。

第三章　数字电子实验与实践

主题实验一　数字电路基础实验

一、实验目的

(1) 掌握对数字集成电路基本逻辑功能的测试方法。

(2) 掌握 TTL 与非门电压传输特性的测试方法。

(3) 了解数字集成电路的结构形式。

(4) 了解数码管的结构及使用。

二、实验内容

(A) 测量门电路真值表。

(B) TTL 与非门电压传输特性的测试。

(C) 与非门对传输信号的控制。

(D) 测量数据分配器功能。

(E) 测量数据选择器功能。

(F) 观察计数器的输出波形。

(G) 测量可逆计数器的功能。

(H) 测量译码/驱动器功能。

(I) 测量寄存器功能。

(J) 测量 LED 数码管。

三、实验用仪器设备

(1) 直流稳压电源（GPS - 2303C 型）一台。

(2) 模拟示波器（GOS - 620 型）一台。

(3) 函数信号发生器/计数器（EE1641D 型）一台。

(4) 数字多用表（PF66B 型）一台。

(5) 数字实验箱一套。

四、实验预习

(1) 掌握 TTL 基本门电路相关的知识。

（2）阅读附录 7 相关集成电路芯片资料，了解芯片引脚的功能。

（3）了解实验过程，熟悉电路接线图。

（4）列出与实验相关的真值表及功能表，供实验中参考。

（5）阅读第六章实验设备介绍中的"数字电子实验设备介绍"。

五、实验操作

实验操作注意事项：

（1）实验中切忌将实验箱中的电源两端短路，以免损坏实验箱中的电源。

（2）在接线或改变线路时，应将电源关闭。

（3）实验中切忌将函数信号发生器的输出端短路，以免损坏函数信号发生器。

（4）本实验所用的集成电路为 74LS 系列，使用电源为 5V，且电源极性不得接错。

（A）测量门电路真值表

门电路是用以实现基本逻辑运算和复合逻辑运算的单元电路。常用的门电路在逻辑功能上有与门、或门、非门、与非门、或非门、与或非门、异或门等。

门电路可以有一个或多个输入端，但只有一个输出端，它规定各个输入信号之间满足某种逻辑关系时，才有信号输出。从逻辑关系看，门电路的输入端或输出端只有"0"或"1"两种状态。规定低电平为"0"，高电平为"1"，称为正逻辑。反之，如果规定高电平为"0"，低电平为"1"，则称为负逻辑，在实际应用中大多数情况中采用正逻辑。

1. 与非门的测试

用与非门集成电路芯片（74LS00）完成真值表的测试，如图 3-1-1 所示，将与非门的输入端 A 和 B 分别接到实验箱高低电平开关，输出端 Y 接到实验箱高低电平指示灯，按真值表 3-1-1 进行测试，以验证其逻辑功能，并用数字万用表测量输入端及输出端电压。

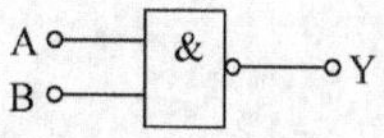

表 3-1-1　与非门真值表

图 3-1-1　与非门

输入				输出	
A		B		Y	
状态	电压/V	状态	电压/V	状态	电压/V
0		0			
0		1			
1		0			
1		1			

2. 或门的测试

用或门集成电路芯片（74LS32）完成真值表的测试，如图 3-1-2 所示，将其输入端 A 和 B 接到实验箱高低电平开关，输出端 Y 接到实验箱高低电平指示灯，按真值表 3-1-2 进行测试，以验证其逻辑功能，并用数字万用表测量输入端及输出端电压。

表 3-1-2　或门真值表

输入				输出	
A		B		Y	
状态	电压/V	状态	电压/V	状态	电压/V
0		0			
0		1			
1		0			
1		1			

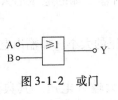

图 3-1-2　或门

3. 异或门的测试

用异或门集成电路芯片（74LS86）完成真值表的测试，如图 3-1-3 所示，将其输入端 A 和 B 接到实验箱高低电平开关，输出端 Y 接到实验箱高低电平指示灯，按真值表 3-1-3 进行测试，以验证其逻辑功能，并用数字万用表测量输入端及输出端电压。

表 3-1-3　异或门真值表

输入				输出	
A		B		Y	
状态	电压/V	状态	电压/V	状态	电压/V
0		0			
0		1			
1		0			
1		1			

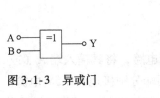

图 3-1-3　异或门

4. 三态输出门的测试

三态门与普通的门电路不同之处是除了有输入端和输出端外，还多出了一个控制端。它的输出状态除了通常的高电平、低电平外，还有第三种"高阻状态"，在"高阻状态"时相当于其输出端与电路之间断开。

用三态门集成电路芯片（74LS125）完成其功能测试，如图 3-1-4 所示，将其输入端 A 及控制端 $\overline{E}$ 分别接到实验箱高低电平开关上，输出端 Y 接到实验箱高低电平指示灯，按真值表 3-1-4 进行测试，以验证其逻辑功能，并用数字万用表测量电压。

表 3-1-4　三态输出门功能表

控制		输入		输出	
$\overline{E}$		A		Y	
状态	电压/V	状态	电压/V	状态	电压/V
0		0			
		1			
1		0			
		1			

图 3-1-4　三态输出门

（B）TTL 与非门电压传输特性的测试

在 TTL 与非门的电压传输特性曲线上，其电平主要参数有：

（1）输出高电平 U_{OH} 是指一个（或几个）输入端是低电平时输出端的电压的大小。此电平不能低于 2.4V，其典型值为 3.5V。

（2）输出低电平 U_{OL} 是指全部输入端是高电平时输出端的电压的大小。如输出空载，其电平必须低于 0.4V，一般约为 0.2V 左右。

（3）关门电平 U_{OFF} 使输出端处于高电平状态所允许的最大输入电压。其典型值约为 0.8V。

（4）开门电平 U_{ON} 是指在额定负载下，使输出端处于低电平状态时所允许的最小输入电压。一般小于 2V。

（一）实验原理

如图 3-1-5 所示电路，将可变电阻的两端分别接电源地及 +5V 端，中间滑动端接与非门的输入端，调节电位器可以改变与非门的输入端的电压，在输入端电压变化的过程中，用数字万用表观察与非门输出端的电压变化情况。

利用示波器 X－Y 工作模式可以观察与非门电压传输特性的波形。

（二）实验操作

1. 测量与非门的 U_{OH}、U_{OL}、U_{OFF}、U_{ON} 的数值

用与非门集成电路芯片（74LS00），按图 3-1-5 连接电路，将其输入端 A（或 A 和 B 同时）与实验箱 10kΩ 可变电阻滑动端相连，可变电阻器两端分别接地和 +5V 电源。

缓慢调节可变电阻器，参考图 3-1-6 与非门电压传输特性曲线，用数字万用表测量输入端 A 的电压及输出端 Y 的电压，将测量的数据记录到表 3-1-5 中。

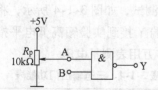

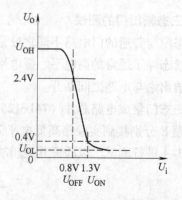

图 3-1-5　测量与非门电压传输特性曲线电路　　　图 3-1-6　与非门电压传输特性曲线

表 3-1-5　传输特性参数测试表

输入端 A 电压/V		输出端 Y 电压/V	
U_{OH}		U_{OFF}	
U_{OL}		U_{ON}	

2. 用示波器观察与非门电压传输特性曲线

将函数信号发生器输出的三角波接到与非门的输入端,这样就在其输入端形成了一个变化的电压。把示波器的 CH1 – X 通道和与非门的输入端相接,CH2 – Y 通道和与非门的输出端相接,选择示波器在 X – Y 工作模式,此时有两个信号同时加入到示波器的水平 X 通道和垂直 Y 通道,示波器将显示 $y = f(x)$ 的函数关系图像。

利用如图 3-1-7 的方法可以观测与非门的电压传输特性曲线。选用与非门集成电路芯片(74LS00),实验操作方法如下:

(1)将函数信号发生器的频率调节为 1kHz(500kHz ~ 3kHz 均可)、波形选定为三角波(或正弦波)、幅度调节为峰峰值 $5V_{P-P}$,并且将此信号接于与非门的输入端。

(2)将示波器的 CH1 – X 通道接与非门的输入端,CH2 – Y 通道接与非门的输出端——两个 X 轴垂直衰减选择钮建议调在"1V"位置——两个输入信号耦合选择开关拨到"GND"档位,并调节两个通道的基准线为重合(基准线上面部分应该留出大于 5 个格)——把 CH1 – X 通道信号耦合选择开关拨到"DC"档位——调节函数信号发生器输出的三角波电平,将三角波波形的波谷对齐 CH2 – Y 通道的水平基准线——把 CH1 – Y 通道信号耦合选择开关拨到"DC"档位,此时示波器上将出现三角波和矩形波重叠的规则波形。

(3)最后将示波器水平扫描时间选择钮调节到 X – Y 模式位置,即可观察到规则的与非门电压传输特性曲线。

根据示波器上的刻度,把观察到的传输特性曲线波形记录下来。从示波器刻度估读出与非门高低电平的数值。

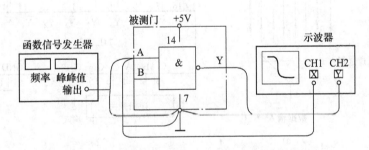

图 3-1-7　观测与非门电压传输特性曲线的接线图

（C）与非门对传输信号的控制

（一）实验原理

当信号从与非门的一个输入端输入时,若与非门的其他输入端均为高电平,则该信号可以通过与非门;若与非门其他输入端有一个为低电平,则该信号将被与非门"拦截",不能通过,该与非门常被称之为"闸门"。也就是,门电路的各输入端所加的信号只有满足一定的条件时,"门"才打开,即与非门才会有信号输出。

（二）实验操作

用与非门集成电路芯片(74LS00),按图 3-1-8 连接电路,将函数信号发生器产生的 1kHz、峰峰值为 $4 \sim 5V_{P-P}$ 的矩形波在与非门的 A 输入端输入;在与非门的 B 输入端接一个开关 S。控制开关的接通与断开，用示波器观察与非门输出端的被控情况，并对输入端和输出端波形进行比较，记录观察到的波形。此处输入端 B 信号起到控制"闸门"的作用，可以控制 A 端的信号是否通过。

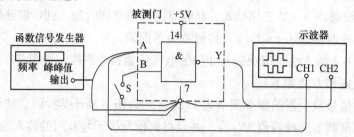

图 3-1-8　与非门对输入信号的控制

（D）测量数据分配器功能

数据分配器是将一个数据经过选择分送给多个输出端。74LS138 数据分配器可以通过控制 A、B、C 选择端将一个输入的数据信号分别送到八个通道上去。数据分配器多用于计算机系统中。

图 3-1-9a 为信号传输示意图，按图 3-1-9b 连接电路，把控制选择端 A、B、C 和使能端 G_1 及 G_{2B} 接实验箱的高低电平开关，数据输入端 G_{2A} 接实验箱秒脉冲信号发生器或手动高低电平变换按钮，数据输出端 $Y_7 \sim Y_0$ 分别接到高低电平指示灯。

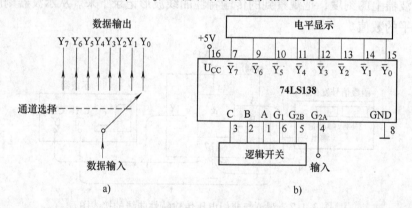

图 3-1-9　数据分配器

按功能表 3-1-6 中要求设置输入端的状态，根据高低电平指示灯的变化情况，将输出结果记录于表格中。

表 3-1-6　数据分配器功能测试表

输入					输出							
选择			使能									
C	B	A	G_1	G_{2B}	$\overline{Y}_7$	$\overline{Y}_6$	$\overline{Y}_5$	$\overline{Y}_4$	$\overline{Y}_3$	$\overline{Y}_2$	$\overline{Y}_1$	$\overline{Y}_0$
X	X	X	X	1								
X	X	X	0	X								
0	0	0	1	0								

（续）

输入					输出							
选择			使能									
C	B	A	G_1	G_{2B}	$\overline{Y}_7$	$\overline{Y}_6$	$\overline{Y}_5$	$\overline{Y}_4$	$\overline{Y}_3$	$\overline{Y}_2$	$\overline{Y}_1$	$\overline{Y}_0$
0	0	1	1	0								
0	1	0	1	0								
0	1	1	1	0								
1	0	0	1	0								
1	0	1	1	0								
1	1	0	1	0								
1	1	1	1	0								

注：X 表示任意状态。

（E）测量数据选择器功能

数据选择器是将多个数据端的信号经过选择由一个公共数据通道输出。74LS151 是一个八选一的数据选择器，它可以通过控制 A、B、C 选择端将来自八个通道的数据信号进行选择送到公共输出端 Y。数据选择器多用于计算机系统中。

图 3-1-10a 为信号传输示意图，按图 3-1-10b 连接电路，把数据输入端 $D_7 \sim D_0$ 以及控制选择端 A、B、C 和数据选通端 $\overline{E}$ 分别接到实验箱的高低电平开关，数据输出端 Y 和 W 接到实验箱的高低电平指示灯。

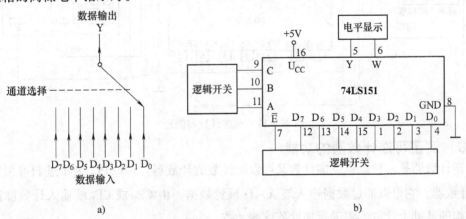

图 3-1-10 数据选择器

按功能表 3-1-7 要求设置选择端 A、B、C 和数据选通端 $\overline{E}$ 的状态，分别依次改变 $D_0 \sim D_7$ 的逻辑电平状态，观察输出端 Y 和 W 的状态结果，并记录输出结果于表中。

表 3-1-7 数据选择器功能测量表

输入					输出	
数据选通	数据选择			数据输入	Y	W
$\overline{E}$	C	B	A	$D_7 \sim D_0$		
1	X	X	X	$D_7 \sim D_0$		
0	0	0	0	$D_7 \sim D_0$		
0	0	0	1	$D_7 \sim D_0$		

（续）

输入					输出	
数据选通	数据选择			数据输入	Y	W
$\overline{E}$	C	B	A	$D_7 \sim D_0$		
0	0	1	0	$D_7 \sim D_0$		
0	0	1	1	$D_7 \sim D_0$		
0	1	0	0	$D_7 \sim D_0$		
0	1	0	1	$D_7 \sim D_0$		
0	1	1	0	$D_7 \sim D_0$		
0	1	1	1	$D_7 \sim D_0$		

注：X 表示任意状态。

（F）观察计数器的输出波形

用计数器集成电路芯片（74LS90），按图 3-1-11 连接电路，在计数器的输入端 14 引脚输入 1kHz，峰峰值为 $4 \sim 5V_{P-P}$ 的方波，用示波器依次观察计数器输出端 Q_A、Q_B、Q_C、Q_D 的波形，并按波形的周期及相位记录波形图。

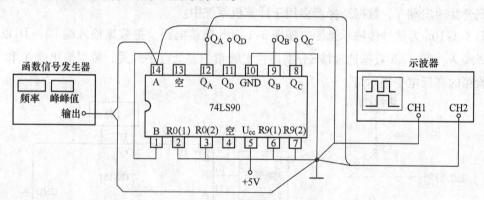

图 3-1-11　观察计数器波形

（G）测量可逆计数器的功能

可逆计数器是一种既可以加计数又可以减计数的计数器。74LS192 为十进制可预置同步加/减计数器，它可以通过数据输入端 A ~ D 预置数据，由 CP_U 或 CP_D 端输入计数脉冲，在预置数据的基础上计数器将进行加计数或减计数。

按图 3-1-12 连接电路，把数据输入端 A ~ D 接拨码开关，清除端 CR 以及置数控制端$\overline{LD}$

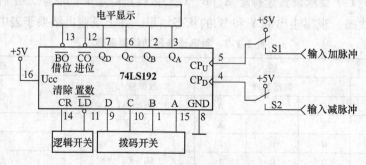

图 3-1-12　可预置数的可逆计数器

接到实验箱的高低电平开关，输出端 $Q_A \sim Q_D$、进位输出端$\overline{CO}$以及借位输出端$\overline{BO}$接到实验箱的高低电平指示灯。

按功能表 3-1-8 的要求设置数据端及各个点电平的状态，将计数脉冲由 CP_U 或 CP_D 端输入，观察输出端 $Q_D \sim Q_A$ 的状态结果，并记录输出结果于表中。

表3-1-8　可逆计数器功能测量表

输　入								输　出			
CR	$\overline{LD}$	CP_U	CP_D	D	C	B	A	Q_D	Q_C	Q_B	Q_A
1	X	X	X	X	X	X	X				
0	0	X	X	D_D	D_C	D_B	D_A				
0	1	↑	1	X	X	X	X				
0	1	1	↑	X	X	X	X				
0	1	1	1	X	X	X	X				

注：1. X 表示任意状态。

2. ↑表示由低到高跳变。

（H）测量译码/驱动器功能

在数字显示器电路中离不开译码/驱动器，它能够将 BCD 码转换为数字笔画字段的形式，74LS47 就是一种译码/驱动器集成电路，通过它可以将 BCD 码变换后驱动 LED 数码管显示数字，74LS47 可以驱动七段共阳极数码管。因为它是集电极开路输出，因此需在每一个字段输出端接一电阻。按图 3-1-13 连接电路，输入端 A ~ D 接拨码开关，$\overline{LT}$端、$\overline{RBI}$端及$\overline{BI}/\overline{RBO}$端接高低电平逻辑开关，输出端 Y_a ~ Y_g 接串联电阻的发光二极管，发光二极管的阳极接电源，输出端同时也可以接到实验箱的高低电平指示灯。

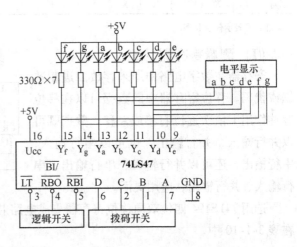

图 3-1-13　译码/驱动器测试

按功能表 3-1-9 设置各输入端的电平状态，将输出端 Y_a ~ Y_g 结果记录于表中。

表3-1-9　译码/驱动器功能测量表

功能	输　入						$\overline{BI}/\overline{RBO}$	输　出						
	$\overline{LT}$	$\overline{RBI}$	D	C	B	A		Y_a	Y_b	Y_c	Y_d	Y_e	Y_f	Y_g
0	1	1	0	0	0	0	1							
1	1	X	0	0	0	1	1							
2	1	X	0	0	1	0	1							
3	1	X	0	0	1	1	1							
4	1	X	0	1	0	0	1							

（续）

功能	输入						$\overline{BI}/\overline{RBO}$	输出						
	$\overline{LT}$	$\overline{RBI}$	D	C	B	A		Y_a	Y_b	Y_c	Y_d	Y_e	Y_f	Y_g
5	1	X	0	1	0	1	1							
6	1	X	0	1	1	0	1							
7	1	X	0	1	1	1	1							
8	1	X	1	0	0	0	1							
9	1	X	1	0	0	1	1							
A	1	X	1	0	1	0	1							
B	1	X	1	0	1	1	1							
C	1	X	1	1	0	0	1							
D	1	X	1	1	0	1	1							
E	1	X	1	1	1	0	1							
F	1	X	1	1	1	1	1							
灭灯	X	X	X	X	X	X	0							
试灯	0	X	X	X	X	X	1							

注：X 表示任意状态。

（Ⅰ）测量寄存器功能

寄存器在数字电路中用来存放二进制数据或代码。移位寄存器中的数据可以在移位脉冲作用下依次逐位右移或左移，数据既可以并行输入、并行输出，也可以串行输入、串行输出，还可以并行输入、串行输出，串行输入、并行输出，应用灵活。

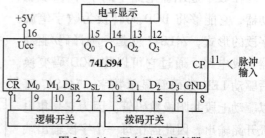

图 3-1-14　双向移位寄存器

选用 74LS194 四位双向移位寄存器集成电路芯片，按图 3-1-14 连接电路，将数据记录在表 3-1-10 中。

表 3-1-10　移位寄存器功能测量表

输入										输出				功能
$\overline{CR}$	M_0	M_1	D_{SR}	D_{SL}	CP	D_0	D_1	D_2	D_3	Q_0	Q_1	Q_2	Q_3	
0	X	X	X	X	X	X	X	X	X					
1	1	1	X	X	↑	d_0	d_1	d_2	d_3					
1	0	1	1	X	↑	X	X	X	X					
1	0	1	0	X	↑	X	X	X	X					
1	1	0	X	1	↑	X	X	X	X					
1	1	0	X	0	↑	X	X	X	X					
1	X	X	X	X	0	X	X	X	X					
1	0	0	X	X	↑	X	X	X	X					

注：1. X 表示任意状态。

2. ↑ 表示由低到高跳变。

（J） 测量 LED 数码管

LED 数码管是目前应用非常广泛的一种数字显示器，它是由不同笔画字段里的 LED 发光二极管被点亮或熄灭来形成数字的。LED 数码管分为共阳极数码管和共阴极数码管，在使用前应该先搞清楚它每一个引脚所对应的数字笔画。

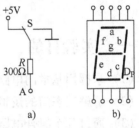

LED 单个数字 0.5 英寸数码管是最常用的一种。用万用表电阻档测量数码管各引脚，其中两支互相导通的引脚为公共极。

如图 3-1-15 所示，在判断出公共极后，可将图 3-1-15b 数码管的公共极与图 3-1-15a 电路的 A 点连接，若将开关 S 接通 +5V 电源端，并且在其他未知引脚输入低电平时数码管有笔画被点亮，则说明该数码管是共阳极数码管，同时也判断出了该引脚对应的笔画；若将开关 S 接通地端，并且在

图 3-1-15　数码管的测试

其他未知引脚输入高电平时数码管有笔画被点亮，则说明该数码管是共阴极数码管，同样也判断出了该引脚对应的笔画。

六、实验总结报告

（1）参照附录 1 及附录 2 的相关要求撰写实验报告。

（2）画出实验电路图，说明实验电路原理。

主题实验二　　组合逻辑电路的应用

一、实验目的

（1）掌握用基本门电路组成逻辑电路。

（2）了解三态门的逻辑功能。

（3）通过几个组合电路的搭建，进一步理解基本门电路的应用。

二、实验内容

（A）利用与非门组成其他逻辑门。

（B）利用门电路组成"一致"电路。

（C）利用门电路组成三人表决器。

（D）利用门电路组成大小比较器。

（E）利用门电路组成二人抢答器电路。

（F）三态门的测试。

三、关于组合逻辑电路

门电路是实现各种逻辑关系的基本电路，是组成数字电路的基本单元。门电路的逻辑性能虽然十分简单，但是它可以采用多种组合方式完成所需的各种逻辑任务，门电路几乎可以组成数字电路里面任何一种复杂的功能电路，在实际的应用中，采用组合逻辑电路实现所期望的逻辑功能的情况是很多的。

本实验的各种组合逻辑电路的原理由同学们自己总结分析。

四、实验用仪器设备及元器件

1. 实验用仪器设备

（1）函数信号发生器（EE1641D 型）一台。

（2）双踪模拟示波器（GOS – 620 型）一台。

（3）数字万用表一块。

（4）数字实验箱一套。

2. 实验用元器件

实验所需的集成电路芯片为 74LS00、74LS04、74LS08、74LS10、74LS32、74LS125。

五、实验预习

（1）掌握组合逻辑电路相关的理论知识。

（2）阅读附录 7 数字集成电路芯片的内容。了解与本实验相关的各种数字集成电路芯片引脚的功能。

（3）了解实验过程，熟悉电路接线图。

（4）列出与实验电路相关的功能表，供实验中记录参考。

（5）阅读了解第六章实验设备介绍中的"数字电子实验设备介绍"。

六、实验操作

实验操作注意事项：

（1）实验中切忌将实验箱中的电源两端短路，以免损坏实验箱中的电源。

（2）本实验所用的各种集成电路全部为 74LS 系列，因此使用电源为 5V，且电源极性不得接错。

（3）接线或改变电路时，一定要将总电源关闭。

（A）利用与非门组成其他逻辑门

1. 组成"与门"

"与"逻辑关系为 $Y = AB$。用 74LS00 芯片，按图 3-2-1 进行连接。将输入端 A 和 B 分别接到实验箱的高低电平开关，输出端 Y 接实验箱的高低电平指示灯，按照表 3-2-1 进行测试。

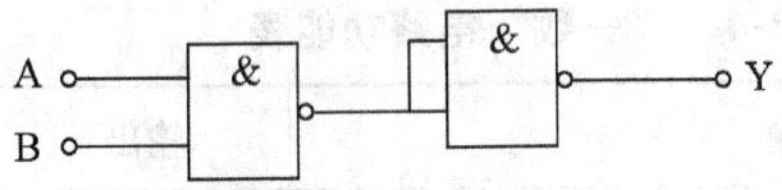

表 3-2-1　与门真值表

输　　入		输　　出
A	B	Y
0	0	
0	1	
1	0	
1	1	

图 3-2-1　与门

2. 组成"或门"

"或"逻辑关系为 $Y = A + B$。用 74LS00 芯片，按图 3-2-2 进行连接。将输入端 A 和 B 分别接到实验箱的高低电平开关，输出端 Y 接实验箱的高低电平指示灯，按照表 3-2-2 进行测试。

表 3-2-2　或门真值表

输入		输出
A	B	Y
0	0	
0	1	
1	0	
1	1	

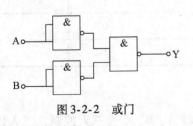

图 3-2-2　或门

3. 组成"异或门"

"异或"逻辑关系为 $Y = A \oplus B$。用 74LS00 芯片，按图 3-2-3 进行连接。将输入端 A 和 B 分别接到实验箱的高低电平开关，输出端 Y 接实验箱的高低电平指示灯，按照表 3-2-3 进行测试。

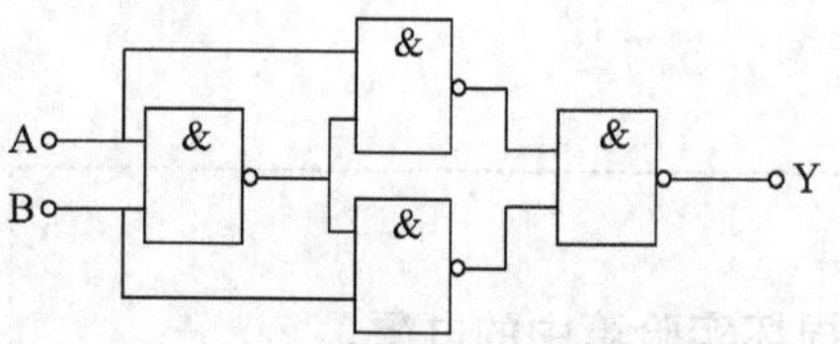

图 3-2-3　异或门

表 3-2-3　异或门真值表

输入		输出
A	B	Y
0	0	
0	1	
1	0	
1	1	

（B）利用门电路组成"一致"电路

如图 3-2-4 是一个"一致"电路，当电路的三个输入端 A、B、C 三者电平一致时，输出端 Y 为 1，否则 Y 为 0。

选用 74LS00、74LS04、74LS10 集成电路芯片，按照图 3-2-4 连接电路，将输入端 A、B、C 分别接实验箱的高低电平开关，输出端 Y 接高低电平指示灯，按表 3-2-4 进行功能测试，其逻辑关系为

$$Y = \overline{\overline{A}\,\overline{B}\,\overline{C} * \overline{ABC}} + \overline{A}\,\overline{B}\,\overline{C} + ABC。$$

表 3-2-4　"一致"电路功能表

输　入			输出
A	B	C	Y
0	0	0	
0	0	1	
0	1	0	
0	1	1	
1	0	0	
1	0	1	
1	1	0	
1	1	1	

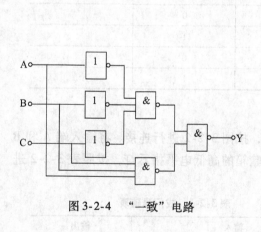

图 3-2-4　"一致"电路

（C）利用门电路组成三人表决器

如图 3-2-5 是一个三人表决器电路，电路的三个输入端 A、B、C 受三人控制，二人以上赞成时，输出端 Y 为 1，否则 Y 为 0。

选用 74LS00、74LS10 集成电路芯片，按照图 3-2-5 连接电路，将输入端 A、B、C 接实验箱三个高低电平开关，输出端 Y 接高低电平指示灯，按表 3-2-5 进行功能测试，其逻辑关系为

$$Y = \overline{\overline{AC} * \overline{AB} * \overline{BC}}。$$

表 3-2-5　三人表决器功能表

输入			输出
A	B	C	Y
0	0	0	
0	0	1	
0	1	0	
0	1	1	
1	0	0	
1	0	1	
1	1	0	
1	1	1	

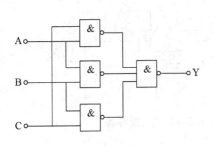

图 3-2-5　三人表决器

（D）利用门电路组成大小比较器

在数字电路系统中，有时需要对两个数据进行比较，判断它们是否相等或比较其大小，如图 3-2-6 是一个一位大小比较器电路，电路的两个输入端 A 和 B 是两个一位二进制数。当 $Y_1 = 1$ 时表示 $A = B$；当 $Y_2 = 1$ 时表示 $A > B$；当 $Y_3 = 1$ 时表示 $A < B$。

选用 74LS00、74LS08、74LS32 集成电路芯片，按照图 3-2-6 连接电路，将输入端 A 和 B 分别接实验箱两个高低电平开关，输出端 Y_1、Y_2、Y_3 分别接高低电平指示灯，按表 3-2-6 进行功能测试，其逻辑关系如下：

$Y_1 = \overline{A}\ \overline{B} + AB$

$Y_2 = A\ \overline{B}$

$Y_3 = \overline{A}B$

表 3-2-6　大小比较器功能表

输入		输出		
A	B	Y_1	Y_2	Y_3
0	0			
0	1			
1	0			
1	1			

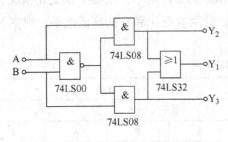

图 3-2-6　大小比较器

（E）利用门电路组成二人抢答器电路

如图 3-2-7 是一个二人抢答器电路，电路的两个抢答按钮 A 和 B 受两个人控制。当抢先按下其中任意一个按钮时，其对应的输出端 Y_A 或 Y_B 的电平将发生变化，同时锁定抢答器电路，使另外一个按钮再按下时无效。复位按钮可使抢答器复位，复位后可重新再进行新一轮的抢答。按钮 A、B 和 S 都是非自锁按钮。

选用 74LS00、74LS04、74LS10 集成电路芯片，按照图 3-2-7 连接电路，将输出端 Y_A 和 Y_B 接实验箱高低电平指示灯。操作按钮观察电路输出结果。

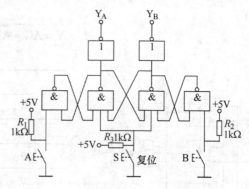

图 3-2-7　二人抢答器

（F）三态门的测试

三态门是一种特殊的门电路，它与普通的门电路不同之处是多出了一个控制端。它的输出状态除了通常的高电平和低电平以外，还有第三种"高阻状态"。当门处于"高阻状态"时，相当于其输出端与电路之间断开，因此多个三态门电路的输出端是可以相互直接连接在一起的。三态门在计算机的数据传输电路中被广泛应用。

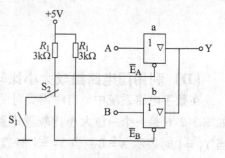

图 3-2-8　三态门

需要特别注意的是，输出端连接在一起的多个三态门在同一时刻只能允许有一个门是高电平或低电平输出，其余的门必须都处于高阻状态，否则将损坏三态门电路。

用 74LS125 集成电路芯片按图 3-2-8 连接电路。控制端 $\overline{E}$ 为高电平时，该门对应的输出 Y 为高阻状态；控制端 $\overline{E}$ 为低电平时，输出 Y 等于对应的输入 A 或 B。

将输入端 A 和 B 分别接实验箱高低电平开关，输出端 Y 接实验箱高低电平指示灯。将开关 S_1 拨到断开位置，S_2 位置任意，分别改变 A 和 B 的高低电平，观察 Y 的变化情况；将开关 S_1 拨到接通位置，S_2 拨到 $\overline{E}_A$ 端，分别改变 A 和 B 的高低电平，观察 Y 的变化情况；同样，保持开关 S_1 在接通位置，将开关 S_2 拨到 $\overline{E}_B$ 端，分别改变 A 和 B 的高低电平，观察 Y 的变化情况。将结果记录到表 3-2-7 中。

表 3-2-7　三态门功能表

S_1	断开				接通			
S_2	接$\overline{E}_A$		接$\overline{E}_B$		接$\overline{E}_A$		接$\overline{E}_B$	
输入	A	B	A	B	A	B	A	B
	0	1	0	1	0	1	0	1	0	1	0	1	0	1	0	1
Y								

七、实验总结报告

（1）参照附录1及附录2的相关要求撰写实验报告。

（2）根据实验的结果，分析总结每一个组合逻辑电路的功能，简述电路原理。

（3）提出其他你认为需要讨论的问题。

主题实验三　触发器的应用

一、实验目的

(1) 了解集成电路的结构及应用。

(2) 掌握触发器逻辑功能的测试方法。

(3) 了解寄存器、计数器的工作原理。

(4) 学习用触发器组成几种功能电路。

二、实验内容

掌握触发器的工作原理及测试方法，通过具体的电路来熟悉触发器的应用。本主题实验内容大约需要 6 学时能全部完成，同学们可以根据自己的能力和实验课程学时的安排自行选择完成（A）～（G）部分实验电路的操作。注："（A）基础内容"为必做内容。

(A) 基础内容（R – S、D、J – K 触发器的测试）。

(B) 自动辨向电路。

(C) 由 D 触发器组成的移位寄存器。

(D) 由 D 或 J – K 触发器组成的四位异步加法计数器。

(E) 由 J – K 触发器组成的四位异步减法计数器。

(F) 由 J – K 触发器组成的加减法计数器。

(G) 由 D 触发器组成的抢答器。

三、实验原理简述

触发器是具有记忆功能的基本逻辑器件，按功能可分为 R – S 触发器、D 触发器和 J – K 触发器等。

R – S 触发器是由两个与非门交叉连接而成的，它是各种触发器的最基本组成部分，其输入端 R_D 为直接置 "0" 端，S_D 为直接置 "1" 端。在实际的应用中，两个输入端的输入不能同时为 "0"。

D 触发器和 J – K 触发器，它们都有两种输入端以及一种控制端。第一种是时钟脉冲（即 CP）输入端，在 $R_D = S_D = 1$ 的情况下，只有 CP 脉冲作用时才能使触发器状态更新；第二种是 D、J、K 输入端，当时钟脉冲到来时，触发器根据输入端的电平和触发器原来的状态进行状态更新；控制端是 R_D 和 S_D，为置 "0" 端和置 "1" 端。

需要注意的是，如果触发器的 CP 输入端没有小圆圈（如图 3-3-2），表示触发器在 CP 脉冲的前沿（上升沿）时状态更新，如果 CP 输入端有小圆圈（如图 3-3-3），表示触发器在 CP 脉冲的后沿（下降沿）时状态更新。

四、实验用仪器设备及元器件

1. 实验用仪器设备

（1）数字实验箱一套。

（2）数字万用表一块。

2. 实验用元器件

（1）集成电路芯片：74LS00、74LS74、74LS86、74LS112。

（2）电阻：510Ω、1kΩ、3kΩ。

（3）电容：0.1μF。

五、实验预习

（1）预习触发器逻辑功能的相关理论知识。

（2）了解寄存器和计数器的工作原理。

（3）明确实验目的和实验内容，根据自己选择的实验内容部分，查阅附录7集成电路芯片技术资料。

（4）了解实验过程，熟悉电路接线图，按照实验要求，画出你所选择的实验电路图。

（5）列出与实验相关的真值表、功能表，供实验中记录参考。

（6）阅读了解第六章实验设备介绍"数字电子实验设备介绍"。

六、实验操作

实验操作注意事项：

（1）实验中切忌将实验箱的电源两端短路，以免损坏实验箱的电源。

（2）本实验所用的各种集成电路全部为74LS系列，因此使用电源为5V，且电源极性不得接错。

（3）接线或改变线路时，一定要先关闭电源。

（1）清楚实验箱中各部分的功能，将电源开关置于断电位置，按照实验电路进行连线操作。

（2）线路连接好后，应仔细检查线路无误后，再通电操作并观察实验结果是否正确。

（A）基础内容（R–S、D、J–K触发器的测试）

1. 用与非门（74LS00芯片）完成基本R–S触发器的功能测试

R–S触发器结构如图3-3-1所示。将其输入端 R_D、S_D 分别接到实验箱的高低电平开关，输出端 Q 和 $\overline{Q}$ 分别接实验箱的高低电平指示灯。按表3-3-1进行操作，以测试其功能。

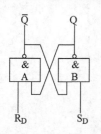

图 3-3-1　R－S 触发器

表 3-3-1　R－S 触发器功能表

输入		输出	
R_D	S_D	Q	$\overline{Q}$
0	0	不定	
0	1		
1	0		
1	1	不变	

2. 用 D 触发器（74LS74 芯片）完成功能测试

D 触发器结构如图 3-3-2 所示，将触发器控制端 R_D、S_D 及输入端 D 分别接到实验箱的高低电平开关，脉冲输入端 CP 接到实验箱的高低电平按钮开关，触发器的输出端 Q 和 $\overline{Q}$ 分别接到实验箱的高低电平指示灯，按表 3-3-2 进行操作，以验证其功能。

在 CP 栏目下面的空白格内经实验观察，用"↑"或"↓"表示该触发器输出状态是在低电平到高电平时变化还是在高电平到低电平时变化的。

表 3-3-2　D 触发器功能表

控制端		输　入		输　出	
$\overline{S}_D$	$\overline{R}_D$	CP	D	Q^n	Q^{n+1}
0	1	X	X	X	
1	0	X	X	X	
0	0	X	X	X	
1	1		0	0	
1	1		0	1	
1	1		1	0	
1	1		1	1	

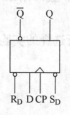

图 3-3-2　D 触发器

注：X 表示任意状态。

3. 用 J－K 触发器（74LS112 芯片）完成功能测试

J－K 触发器结构如图 3-3-3 所示，将触发器控制端 R_D、S_D 及输入端 J、K 分别接到实验箱的高低电平开关，脉冲输入端 CP 接到实验箱的高低电平按钮开关，触发器的输出端 Q 和 $\overline{Q}$ 分别接到实验箱的高低电平指示灯，按表 3-3-3 进行操作，以验证其功能。

在 CP 栏目下面的空白格内经实验观察，用"↑"或"↓"表示该触发器输出状态是在低电平到高电平时变化还是在高电平到低电平时变化的。

表 3-3-3　J－K 触发器功能表

控制端		输　入			输　出	
$\overline{S}_D$	$\overline{R}_D$	$\overline{CP}$	J	K	Q^n	Q^{n+1}
0	1	X	X	X	X	
1	0	X	X	X	X	
0	0	X	X	X	X	
1	1		0	0	0	
1	1		0	0	1	
1	1		1	0	0	
1	1		1	0	1	
1	1		0	1	0	
1	1		0	1	1	
1	1		1	1	Q^n	

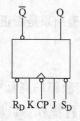

图 3-3-3　J－K 触发器

注：X 表示任意状态。

（B）自动辨向电路

无论是测量直线位移还是测量角位移，往往需要根据传感器的输出信号判别物体移动的方向，即判断物体是正向移动还是反向移动，是顺时针旋转还是逆时针旋转。

如图 3-3-4a 所示是一个由若干个与非门构成的自动辨向电路。在自动生产线上，该电路可以判断一工作台是正转还是反转，正转时自动加数，反转同时自动减数，同时还可以测定其转数。此电路也可用在自动记录生产线上工件的数量。

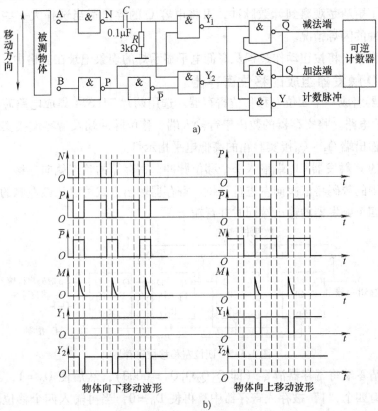

a)

物体向下移动波形　　　　　　　物体向上移动波形

b)

图 3-3-4　自动辨向电路

1. 电路原理

如图 3-3-4a 所示电路，A 和 B 两点各设置有检测传感器，规定传感器是有物体接近时为高电平"1"，无物体时为低电平"0"。假设若干个被检测的物体（每个物体的长度都大于 AB 两点间的距离），移动方向是从上向下。

如图 3-3-4b 所示波形图，物体首先到达 A 点，经过倒相后得到 $N=0$；物体再到达 B 点，经过倒相后得到 $P=0$、$\overline{P}=1$。当物体离开 A 点时，N 由"0"变为"1"，经微分电路在 M 点产生正向尖脉冲，此时 $\overline{P}$ 点正处于"1"，于是在 Y_2 点由原来的高电平就产生一个低电平脉冲，将后面的两个与非门组成的 R-S 触发器加法端置为"1"，减法端置为"0"，同时在 Y 端产生计数脉冲，使得计数器进行加法计数。同理，当物体由下向上移动时，波形如图中所示，电路将进行减法计数。

2. 实验操作

选用两片74LS00集成电路芯片，按图3-3-4a所示完成电路接线，将A、B两端分别接实验箱高低电平按钮开关（初始状态需为低电平），将加法端Q、减法端$\overline{Q}$、计数脉冲端Y分别接实验箱高低电平显示灯。模仿传感器检测物体移动过程：先按下按钮A→再按下按钮B→再释放按钮A→再释放按钮B，如此反复操作观察现象；同样方法，先按下按钮B→再按下按钮A→再释放按钮B→再释放按钮A，如此反复操作观察现象。

说明：为了更清楚观察到计数脉冲，可将电容C的容量适当选择大一些，可更加清晰地看到计数脉冲的闪烁情况。

自行设计表格，将按钮动作过程及高低电平显示灯的现象记录在表格中。

（C）由D触发器组成的移位寄存器

用D触发器组成一个四位左移移位寄存器。选用两片74LS74集成电路芯片，按图3-3-5所示连接实验电路。将寄存器的数码串行输入端、移位脉冲端及清零端接实验箱的高低电平按钮开关，输出端$Q_3 \sim Q_0$接实验箱的高低电平指示灯。

在最右侧的D触发器CP_0端输入一个移位脉冲，寄存器的状态就向左移一位。连续输入脉冲，寄存器中的数码将依次向左进行移位。寄存器输出方式可以从最左侧的触发器串行输出，也可以从四个触发器的输出端同时并行输出。

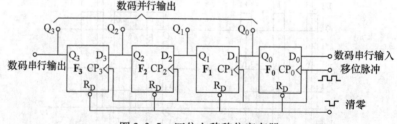

图3-3-5　四位左移移位寄存器

首先利用清零端将寄存器清零（即$Q_3 Q_2 Q_1 Q_0 = 0000$）；然后使$D_0 = 1$，当输入四个移位脉冲后，将有四个"1"被存入寄存器中；再使$D_0 = 0$，当再输入四个移位脉冲后，会有四个"0"被存入寄存器中。将实验的结果记录到表3-3-4中。

表3-3-4　移位寄存器功能表

输　　　入				输　　　出			
CP	R_D	S_D	D_0	Q_3	Q_2	Q_1	Q_0
X	0	1	X				
↑	1	1	1				
↑	1	1	1				
↑	1	1	1				
↑	1	1	1				
↑	1	1	0				
↑	1	1	0				
↑	1	1	0				
↑	1	1	0				

注：X表示任意状态。

（D） 由 D 或 J - K 触发器组成的四位异步加法计数器

1. 用 D 触发器组成四位异步二进制加法计数器

选用两片 74LS74 集成电路芯片，按图 3-3-6 所示连接实验电路。将计数器的清零端接实验箱的高低电平开关，CP 脉冲端接实验箱的按钮脉冲输出端，输出端 $Q_3 \sim Q_0$ 接实验箱的高低电平指示灯。将实验的结果记录到自己设计的功能表中（参考表 3-3-4）。

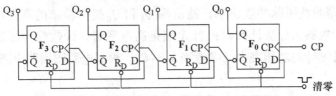

图 3-3-6 四位异步二进制加法计数器

2. 用 J - K 触发器组成四位异步十进制加法计数器

选用两片 74LS112 和一片 74LS08 集成电路芯片，按图 3-3-7 所示连接实验电路。将计数器的清零端接实验箱的高低电平开关，CP 脉冲端接实验箱的按钮脉冲输出端，输出端 $Q_3 \sim Q_0$ 接实验箱的高低电平指示灯。将实验的结果记录到自己设计的功能表中（参考表 3-3-4）。

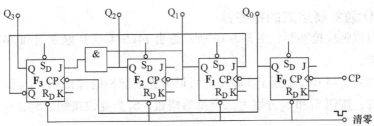

图 3-3-7 四位异步十进制加法计数器

说明：实验电路连线需将四个 J - K 触发器所有悬空的 S_D、J、K 脚接 +5V，使计数器能够稳定工作。（可先悬空这些引脚，观察计数情况）

（E） 由 J - K 触发器组成的四位异步减法计数器

用 J - K 触发器组成四位异步减法计数器。选用两片 74LS112 集成电路芯片，按图 3-3-8 所示连接实验电路。将计数器的清零端接实验箱的高低电平开关，CP 脉冲端接实验箱的按钮脉冲输出端，输出端 $Q_3 \sim Q_0$ 接实验箱的高低电平指示灯。将实验的结果记录到自己设计的功能表中（参考表 3-3-4）。

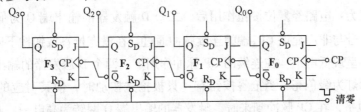

图 3-3-8 四位异步减法计数器

说明：实验电路连线需将四个 J – K 触发器所有悬空的 S_D、J、K 脚接 +5V，使计数器能够稳定工作。（可先悬空这些引脚，观察计数情况）

（F） 由 J – K 触发器组成的加减法计数器

用 J – K 触发器可以组成加减法计数器。选用 74LS112 和 74LS86 集成电路芯片，按图 3-3-9 所示连接实验电路。将计数器的清零端、置 1 端及 A 端分别接实验箱的高低电平开关，CP 脉冲端接实验箱的按钮脉冲输出端，输出端 Q_1 和 Q_0 接实验箱的高低电平指示灯。当 A 端是低电平时，计数器为加法计数器；当 A 端是高电平时，计数器为减法计数器。将实验的结果记录到自己设计的功能表中（参考表 3-3-4）。根据电路图说明电路原理。

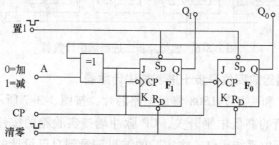

图 3-3-9　加减法计数器

（G） 由 D 触发器组成的抢答器

用触发器可以组成抢答器，图 3-3-10 所示是由 74LS74 双 D 触发器和 74LS00 与非门组成的二人抢答器。

按图连接线路，将 CP_A 端接于实验箱的可调节连续脉冲的输出端，Q_1 和 Q_2 接实验箱的高低电平指示灯，按钮 S_1 和 S_2 分别为二个抢答按钮，S_3 为复位按钮。S_1、S_2 及 S_3 都是非自锁按钮。

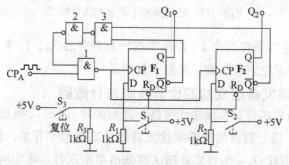

图 3-3-10　二人抢答器

电路的原理为：电路经复位按钮作用后，二个 D 触发器的输出端 Q 为低电平，而 $\overline{Q}$ 为高电平，此时 1 号与非门允许 CP_A 端的连续脉冲通过。在没有抢答按钮按下时，由于两个 D 触发器的输入端呈现低电平，在连续的 CP 脉冲作用下，两个 D 触发器的输出端 Q 保持着低电平，这时指示灯为绿色亮；当抢答按钮有一只被抢先按动时，使其对应的 D 触发器的输入端 D 呈现高电平，在 CP 脉冲到来时，触发器的输出端 Q 翻转为高电平，此时对应的指示灯将会变为红色，同时 $\overline{Q}$ 为低电平，经过与非门逻辑变换后，使 1 号与非门"封锁" CP_A 脉冲再进入两个触发器的 CP 端，这样即使另一方的按钮随后按动了，其对应的 D 触发器也不会翻转，指示灯也不会变为红色。

通过复位端清零后，可以使全部的 D 触发器清零，即指示灯全部变为绿色，以便开始新的一轮抢答。

根据电路的原理，只需增加 D 触发器的个数和对应的 3 号与非门的输入端的数量，就可以增加抢答活动参与的人数。根据图 3-3-10 电路原理，画出三人抢答器的电路图，并且注明所用集成电路芯片型号（芯片型号参见附录 7）。

说明：本实验需要注意 CP_A 脉冲的频率高低。

七、实验总结报告

（1）参照附录 1 及附录 2 的相关要求撰写实验报告。

（2）画出实验电路图，分析电路原理。

（3）将实验结果记录到功能表中。

主题实验四　集成计数器及其应用

一、实验目的

（1）掌握计数器的工作原理及其应用。

（2）掌握可预置加/减计数器、译码驱动器、LED 数码显示器的应用。

（3）理解如何使用数字集成电路组成一个应用电路。

（4）了解 N 进制计数器的实现。

（5）了解产生精确的秒脉冲信号的方法。

（6）通过本实验的实际操作，加深对数字电路的理解。

二、实验内容

以下的全部实验内容大约需要 6 学时能完成，同学们可以根据自己的能力和实验课程学时的安排自行选择完成部分实验内容。

（A）数字电子钟电路。

（B）数字电子秒表电路。

（C）数字演说定时钟电路。

三、实验用仪器设备及元器件

1. 实验用仪器设备

（1）数字实验箱一套。

（2）数字万用表一块。

2. 实验用元器件

（1）集成电路芯片：74LS00、74LS21、74LS32、74LS47（或 74LS48）、74LS74、74LS112、74LS90、74LS192、CD4060。

（2）显示器：七段共阳（或共阴）LED 数码管。

（3）电阻：500Ω、330Ω、3kΩ、10MΩ。

（4）电容：10μF、30pF。

（5）其他：按钮、32768Hz 晶体振荡、红外发光二极管、红外接收二极管。

四、实验预习

（1）明确实验目的和实验内容，根据自己选择的实验内容部分，查阅附录 7 中与实验相关的数字集成电路芯片技术资料。

（2）熟悉计数器、译码/驱动器、数码管等元器件的引脚图，预习相关电路的工作原理。

（3）阅读第四章＜电路一＞＜电路三＞＜电路四＞＜电路五＞＜电路六＞的电路原理。

（4）按照实验要求，画出你所选择的实验电路图。

（5）了解第六章实验设备介绍中的"数字电子实验设备"。

五、实验操作

实验操作注意事项：

　（1）实验中切忌将实验箱中的电源两端短路，以免损坏实验箱的电源。

　（2）实验过程中，接线或改变线路时，应将电源关闭操作。

　（3）本实验所用的各种集成电路芯片全部采用 74LS 系列，使用电源电压均为 5V，并且电源极性不得接错。

（A）数字电子钟电路

数字化的钟表已经相当的普及，虽然目前数字钟有专门的中规模的集成电路芯片能够完成精确的计时并且还有万年历的功能，但是作为对计数器的学习和理解，亲手应用小规模的数字集成电路芯片成功搭建一个数字电子钟电路仍不失为一个很好的选择。

1. 实验任务

（1）用集成计数器搭建完成一个六位数字显示时钟。

（2）小时位为 24 进制、分位和秒位为 60 进制。

（3）小时位和分位可以调整时间（扩展内容）。

2. 实验原理简述

数字电子钟是最常见的计时钟之一，它实际上是一种按照所规定的进制方式计数的计数器。秒位、分位和时位分别是以 60 进制和 24 进制来完成每日 86400 秒数的记录。它的准确性完全取决于秒脉冲信号的精确度。

数字显示计时钟原理框图如图 3-4-1 所示。它由秒脉冲信号、计数器、译码/驱动器、数字显示器组成。

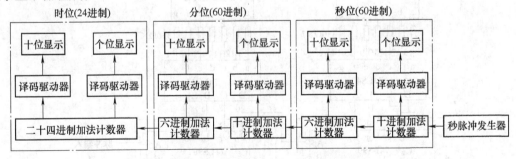

图 3-4-1　数字显示计时钟原理框图

"秒位"和"分位"的 60 进制计数器电路如图 3-4-2 所示。

"分位"和"秒位"计时电路原理相同。其"个位"由十进制计数器 IC$_1$（74LS90）来完成，"十位"由六进制计数器 IC$_3$（74LS90）来完成，IC$_1$ 和 IC$_3$ 共同组成一个 60 进制计数

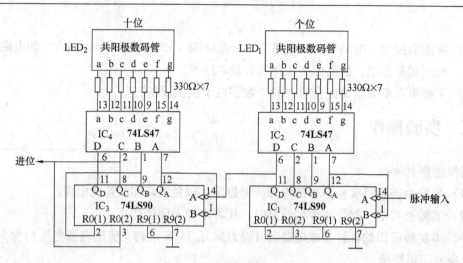

图 3-4-2　60 进制计数器

器。参考第四章实用小电路＜电路六＞任意进制分频器的实现”，可以很容易地完成 60 进制计数器的电路。

译码/驱动器 IC_2 和 IC_4（74LS47）是将计数器输出的 BCD 码经过译码后再驱动数字显示器。显示器采用七段 LED 共阳极数码管，74LS47 译码/驱动器的每一个输出端都需经过一个 330Ω 的限流电阻接 LED 数码管。

脉冲由 IC_1 的 14 引脚输入，其输出端的 BCD 码经 IC_2 译码/驱动器变换成可使数码管显示笔划段的驱动码，使“个位”的数码管显示数字，每输入 10 个脉冲，IC_1 就向 IC_3 进位一次；IC_3 的 14 引脚得到“个位”的进位脉冲后，以和“个位”同样的工作原理显示数字，其每得到 6 次的“个位”进位脉冲后就向高位进位一次，如此可以完成每 60 个脉冲就进位一次的功能。

“时位”是一个 24 进制计数器，电路如图 3-4-3 所示。它由两片 74LS90 计数器构成，译码/驱动显示原理同上。表 3-4-1 是 24 进制计数器功能表。

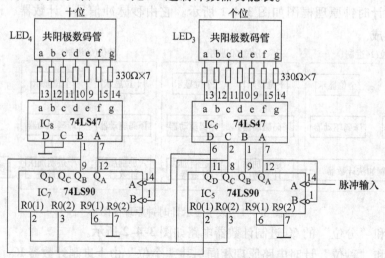

图 3-4-3　24 进制计数器

表 3-4-1 24 进制计数器功能表

脉冲数	显示数字		十位计数器		个位计数器			
	十位	个位	Q_B	Q_A	Q_D	Q_C	Q_B	Q_A
0	0	0	0	0	0	0	0	0
1	0	1	0	0	0	0	0	1
2	0	2	0	0	0	0	1	0
3	0	3	0	0	0	0	1	1
4	0	4	0	0	0	1	0	0
5	0	5	0	0	0	1	0	1
6	0	6	0	0	0	1	1	0
7	0	7	0	0	0	1	1	1
8	0	8	0	0	1	0	0	0
9	0	9	0	0	1	0	0	1
10	1	0	0	1	0	0	0	0
11	1	1	0	1	0	0	0	1
12	1	2	0	1	0	0	1	0
13	1	3	0	1	0	0	1	1
14	1	4	0	1	0	1	0	0
15	1	5	0	1	0	1	0	1
16	1	6	0	1	0	1	1	0
17	1	7	0	1	0	1	1	1
18	1	8	0	1	1	0	0	0
19	1	9	0	1	1	0	0	1
20	2	0	1	0	0	0	0	0
21	2	1	1	0	0	0	0	1
22	2	2	1	0	0	0	1	0
23	2	3	1	0	0	0	1	1

3. 实验操作提示

因为秒位和分位都是 60 进制，因此它们的电路相同。

本实验电路接线比较复杂，在实际操作过程中，可将电路划分为秒、分、时三个独立的部分来分别完成，确认每个部分完全正确后，最后再将电路连接成一个整体的时钟电路。

当电路完全连接好以后，为了验证电路是否正确，可以用更高频率的脉冲来代替秒脉冲进行实验，以缩短实验等待时间。

4. 实验扩展

若还希望电子时钟具有校时调整的功能，可在图 3-4-2 和图 3-4-3 的 IC_1、IC_3、IC_5、IC_7 的脉冲输入端 14 引脚接入"或门"，采用 74LS32 芯片，电路如图 3-4-4 所示。时钟一般对于"秒位"不做调整的要求，对于"分位"和"时位"都需要校时调整。可将进位脉冲接"或门"的一个输入端，"或门"的另一个输入端 $M_1 \sim M_4$ 分别接实验箱手动高低电平按钮，按动按钮可调节时间。

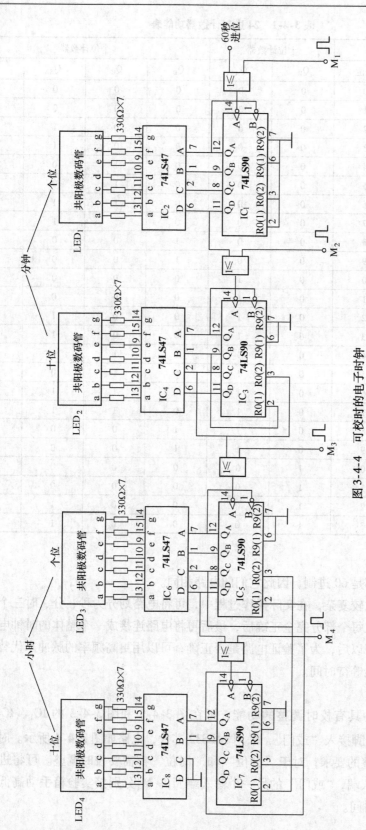

图 3-4-4　可校时的电子时钟

（B）数字电子秒表电路

秒表是一种用来精确计时的计时仪表。它不同于普通钟表之处在于，它可以方便即时启动、即时锁定以及清零。

1. 实验任务

（1）用集成计数器完成一个最大可以显示 99 秒的数字电子秒表。

（2）秒表设有启动/锁定和清零按钮。

（3）根据第四章实用小电路"＜电路三＞秒脉冲发生器"，搭建 1Hz 的秒脉冲源。

2. 实验原理

第四章实用小电路＜电路五＞十进制加法计数器是一个一位的十进制数字显示的计数器，电路每输入一个脉冲，计数器 74LS90 就进行加 1 计数，并且以 BCD 码输出，经过译码/驱动器使数码管显示的数字加 1。

数字电子秒表电路原理如图 3-4-5 所示。图中有两位十进制数字显示，最大能够显示 99 秒计时时间。

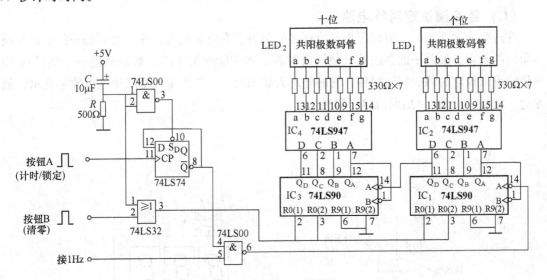

图 3-4-5　数字电子秒表

秒脉冲由"个位"的 74LS90 计数器 14 引脚输入，当计数器接收到九个秒脉冲后，下一个秒脉冲自动进位到"十位"。74LS47 译码/驱动器的每一个输出端都需经过一个 330Ω 的电阻接 LED 共阳极数码管。

将 D 触发器 74LS74 的 D 端与 $\overline{Q}$ 端相连接构成 T′触发器，按钮 A 每按动一次，触发器就翻转一次，由此可以控制与非门是否允许 1Hz 的秒脉冲进入"个位"计数器的脉冲输入端 14 引脚，以实现秒表计时或锁定功能。按钮 B 每按一次可以"清零"。1Hz 秒脉冲可采用如第四章实用小电路"＜电路三＞秒脉冲发生器"电路。

需要注意的是：按钮 A 必须采用按钮去抖动电路（参见第四章实用小电路＜电路一＞按钮去抖动电路），按钮 B 不必采用按钮去抖动电路。

自动复位电路是由 C 和 R 组成的微分电路来完成的。计数器在接通电源的最初状态时，输出是完全呈现混乱的状态，表现在显示器上将是无规律的数字，所以电路在开始计时前应该加以复位（可以自动或手动进行）。本实验电路在接通电源时，由于电容 C 两端的电压不能跃变，因此最初 C 和 R 连接点处的电压是5V，经或门电路使计数器 IC_1 和 IC_3 的复位端2、3脚同时呈 "1" 状态，此时计数器自动清零；电容 C 随即经过一段充电时间后，使 C 和 R 的连接点处的电压下降为 "0" V，这时计数器 IC_1 和 IC_3 的复位端2、3脚同时呈 "0" 状态，计数器即处于可以计数状态。若没有 RC 电路，也可通过按钮 B 手动实现复位。

3. 应用电路扩展

数字电子秒表电路实际上就是一个计数器，它记录的是秒脉冲信号的个数。如果用红外发光二极管和红外接收二极管组成一对光电传感器，电路如图 3-4-6 所示。用手反复遮挡发光管到接收管之间的红外光线，在红外接收管的一端就会产生脉冲信号，将其产生的信号传送给数字电子秒表电路（即将秒脉冲信号去掉，把传感器的信号输入到电子秒表电路），手遮挡的次数就是数码管显示的数字。

根据两位数字显示的原理可以很容易地搭建更多位数的计数器。

（C）数字演说定时钟电路

在进行演说活动时，组织者为了给更多的演讲者有发言机会，往往要对每一位演讲者提出限时的要求，最公平的办法就是使用定时钟。本实验利用集成计数器搭建一个能够在10分钟内可以设定时间的倒计时钟。它的外形大致如图 3-4-7 所示，时间用三位数字显示，最左边一位是 "分位"，后两位是 "秒位"。

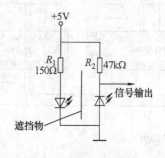

图 3-4-6　光电传感器

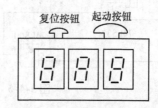

图 3-4-7　演说定时钟外观模型

倒计时钟只对 "分位" 进行调节预设时间，"秒位" 不进行预设。按动复位按钮，定时钟将显示当前预设的时间；按动启动按钮时，定时钟开始倒计时，当时间减到 "000" 时，会发出声音提示，并且锁定 "000" 时间显示。若要进行下一轮计时，可再按动复位按钮和启动按钮。

1. 实验任务

（1）完成一个三位数字显示的演说定时钟的电路连接，并且能够用拨码开关对 "分位" 进行时间预设调节。

（2）选择一个精确的秒脉冲电路为定时钟提供时钟源。

（3）用与非门组成控制电路，完成启动按钮和复位按钮的逻辑组合控制。

（4）当演讲者时间到时，定时钟应有自动声音提示。

2. 实验原理

电路原理框图如图 3-4-8 所示。三位数字显示的每一位都是由减法计数器、译码/驱动器和数码管组成；"分位"具有预置时间的功能；秒脉冲为时钟提供精确的时间基准；逻辑组合电路控制秒脉冲能否进入减法计数器使倒计时开始，以及计数器手动复位。

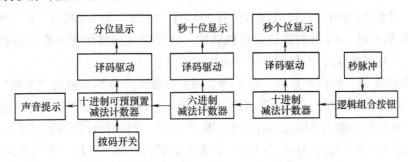

图 3-4-8　演说定时钟原理框图

定时钟电路如图 3-4-9 所示。倒计时计数器选用 74LS192 芯片，译码驱动器选用 74LS47 芯片，显示器用 LED 共阳极数码管，"分位"使用拨码开关调节预设时间。

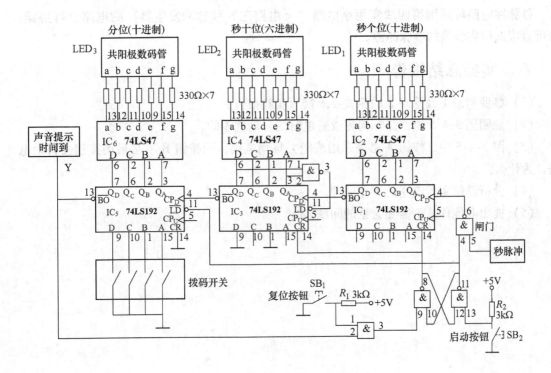

图 3-4-9　演说定时钟电路图

按 BCD 码调节预设拨码开关，将预设的时间数据送入 IC₅ 的 D ~ A 中，当按动复位按钮

SB1 时，经门电路的逻辑组合，使"分位"的 $\overline{\text{LD}}$ 为低电平，IC_5 的输出端 $Q_D \sim Q_A$ 将预置数送入译码驱动器 IC_6 中，"分位" LED_3 将显示预设的时间数，而"秒位" IC_3 和 IC_1 的 CR 为高电平，因此"秒位" LED_2 和 LED_1 将显示"00"。此时因"闸门"的 4 引脚为低电平，所以秒脉冲暂时还不能通过"闸门"。

按动启动按钮 SB2 后，由两个与非门构成的 R - S 触发器翻转，"闸门"被打开，秒脉冲进入 IC_1 计数器，并且 IC_1、IC_3、IC_5 都进入计数状态，定时钟开始倒计时，每一位数字减到"0"时，都会从 $\overline{\text{BO}}$ 端向高位发出借位脉冲。当"分位"的 IC_5 减到"0"时，"秒位"再向其发借位脉冲时，IC_5 将向高位发借位脉冲，该借位脉冲将作为触发声音提示的信号，并且同时经与门锁定电路，使显示时间停止在"000"。

因为 74LS192 是十进制计数器，即 $0 \sim 9$，因此符合"分位"及秒的"个位"数的进制。但是秒的"十位"需要的是一个六进制的减法计数器，即 $0 \sim 5$。因此，可以先把计数器 IC_3 的"D ~ A"并行数据输入端固定预置成 5，即"0101"，当该位计数器数字减到 0 时，再减 1，应该为数字 9，即"$Q_D Q_C Q_B Q_A = 1001$"。为了实现六进制，可用一个与非门使计数器在"1001"的状态时让并行置入控制端置位，这样就可以使计数器在 $0 \sim 5$ 之间循环，此方法也叫"置位法"。

注：在接线操作时，图中 IC_1、IC_3、IC_5 芯片的 CP_U、A、C 这些悬空脚应接 +5V 电源，以使定时钟能够稳定工作（可先悬空这些引脚，观察计时情况）。

秒脉冲电路可采用第四章实用小电路"＜电路三＞秒脉冲发生器"的电路自行搭建，也可直接选用实验箱的秒脉冲源。

六、实验总结报告

（1）参照附录 1 及附录 2 的相关要求撰写实验报告。

（2）说明图 3-4-5 电路是如何完成通电时的自动清零的。

（3）图 3-4-5 中，按钮 A 必须采用按钮去抖动电路，而按钮 B 不必采用按钮去抖动电路，为什么？

（4）分析总结实验电路的工作原理。

（5）提出其他你认为需要讨论的问题。

主题实验五　模/数（A/D）转换器、数/模（D/A）转换器及其应用

一、实验目的

（1）掌握实现模拟/数字量及数字/模拟量的转换方法。

（2）了解模/数（A/D）转换器和数/模（D/A）转换器的测试方法及应用。

二、实验内容

（A）模/数（A/D）转换器的测试。

（B）数/模（D/A）转换器的测试。

（C）数字电位器的实现。

三、预习要求

（1）预习模/数（A/D）转换器和数/模（D/A）转换器的相关知识。

（2）熟悉 ADC0809 和 DAC0832 集成电路芯片的结构及引脚功能。

四、实验用仪器设备

（1）直流稳压电源（GPS–2303C 型）一台。

（2）模拟示波器（GOS–620 型）一台。

（3）函数信号发生器/计数器（EE1641D 型）一台。

（4）数字多用表（PF66B 型）一台。

（5）数字实验箱一套。

五、实验操作

实验操作注意事项：

　（1）实验中切忌将实验箱中的电源两端短路，以免损坏实验箱中的电源。

　（2）在接线或改变线路时，应将电源关闭。

（A）模/数（A/D）转换器的测试

在实际应用中许多传感器是以模拟量的形式输出（如温度、压力、位移等）的，要使计算机或数字仪表能够识别处理这些信号，必须首先将这些模拟信号转换成数字信号。能够完成这种功能的集成电路芯片就是模/数转换器（即 A/D 转换器，简称 ADC）。

ADC0809 是一种 8 路模拟输入，8 位数字输出逐次逼近式 A/D 转换器，转换精度为 ±1/512，转换时间为 $100\mu s$，模拟输入电压范围为 0 ~ 5V。

按图 3-5-1 所示电路接线，将 A、B、C 接实验箱高低电平开关，D_7 ~ D_0 接实验箱高低电平指示灯，ST（6、7、22 引脚）接实验箱单脉冲按钮，R_1 ~ R_9 构成电阻串联分压网络，其中 $R_1 = 2k\Omega$，R_2 ~ $R_9 = 1k\Omega$，因此在 IN_7 ~ IN_0 可以得到每端 0.5V 的差值电压，用数字多用表测量检查 IN_7 ~ IN_0 的电压。在 CLK 时钟端（10 引脚）用函数信号发生器输入 2kHz 峰峰值为 5V 的连续矩形波脉冲。

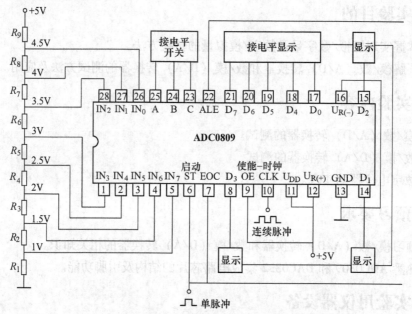

图 3-5-1　模/数（A/D）转换器

通过地址 A、B、C 选择模拟通道电压，每按动一次单脉冲按钮，根据 D_7 ~ D_0 可得到数字输出量的转换结果。将数字输出量显示结果记录到表 3-5-1 中。

表 3-5-1　数字输出量测量表

被选模拟通道	输入模拟量	地址			输出数字量								
IN	U_i/V	C	B	A	D_7	D_6	D_5	D_4	D_3	D_2	D_1	D_0	十进制
IN_0	4.5	0	0	0									
IN_1	4	0	0	1									
IN_2	3.5	0	1	0									
IN_3	3	0	1	1									
IN_4	2.5	1	0	0									
IN_5	2	1	0	1									
IN_6	1.5	1	1	0									
IN_7	1	1	1	1									

（B）数/模（D/A）转换器的测试

在计算机系统中，经过计算机分析处理后输出的电量往往是数字量，而有些执行机构则需要由模拟信号才能控制，这就需要经过数/模转换器来将数字信号转换成模拟信号。能够完成这种功能的集成电路芯片就是数/模转换器（即 D/A 转换器，简称 DAC）。

DAC0832 是一个 8 位的数/模（D/A）转换器。其具有 8 个输入端（其中每个输入端是 8 位二进制数的一位），有一个模拟输出端。输入可有 $2^8 = 256$ 个不同的二进制组态，输出为 256 个电压之一，即输出电压不是整个电压范围内任意值，而只能是 256 个可能值。

附录 7 中的图 7-9 是 DAC0832 的引脚功能和逻辑框图。

DAC0832 电压的输出与输入的关系为：

$$U_0 = \frac{U_{REF}}{R_{REF}} R_0 \left(\frac{D_7}{2^1} + \frac{D_6}{2^2} + \frac{D_5}{2^3} + \frac{D_4}{2^4} + \frac{D_3}{2^5} + \frac{D_2}{2^6} + \frac{D_1}{2^7} + \frac{D_0}{2^8} \right)$$

式中，$D_0 \sim D_7$ 是输入的二进制数据 "1" 或 "0"；U_{REF} 是参考电压；R_{REF} 和 R_0 是参考电阻，为常数。

由上式可见，输出的模拟量与输入的数字量成正比，实现了从数字量到模拟量的转换。

按图 3-5-2 接线，将 5V 的直流电压加入输入端 U_i，按表 3-5-2 用数据开关选择部分数据设置数字量，用数字多用表测量输出端 U_0，将测量结果记录到表格中。

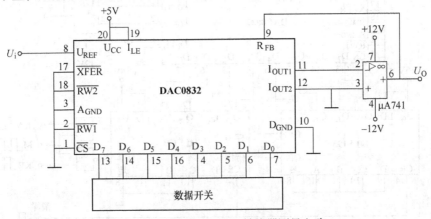

图 3-5-2　数/模（D/A）转换器测量电路

表 3-5-2　模拟输出量测量表

输入 U_i	输入数字量								输出模拟量	
	D_7	D_6	D_5	D_4	D_3	D_2	D_1	D_0	U_0 测量值	U_0 理论值
	0	0	0	0	0	0	0	1		
	0	0	0	0	0	0	1	0		
	0	0	0	0	0	0	1	1		
	0	0	0	0	0	1	0	0		
5V	0	0	0	0	0	1	0	1		
	1	1	1	1	1	1	0	0		
	1	1	1	1	1	1	0	1		
	1	1	1	1	1	1	1	0		
	1	1	1	1	1	1	1	1		

（C）数字电位器的实现

传统的电位器是一种依靠机械调节的可变电阻器，由于它在电路中的作用是获得与输入电压（外加电压）成一定关系的输出电压，因此称之为电位器。在电子设备中，经常需要对一些模拟信号的参数（如音量、频率等）进行反复调节，这通常都需要电位器来完成。

传统的触点式的机械电阻器控制效果和控制精度以及使用寿命等都很有限，相比之下数字电位器具有很多优点。数字电位器控制精度很高，方便远程控制，无机械磨损，使用寿命长，尤其方便定量的重复性调节。

图 3-5-3 是一个由 DAC0832 构成的数字电位器，其 8 位数据输入全部受控，因此输出模拟量可达 $2^8 = 256$ 级。

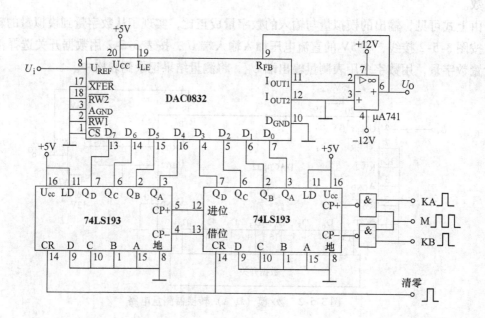

图 3-5-3　数字电位器

1. 电路原理

该电路主要是由一个 8 位的 D/A 转换器、两个 4 位二进制可逆计数器构成的一个 8 位数据控制器，以及一个需要外接的方波发生器构成。需要调节的电压由 U_i 端输入，当 KA 端由低电平变为高电平时，在 M 端输入的固定频率的方波可以进入 74LS193 的"CP +"端，计数器工作在加计数状态，输出端 U_O 电压将增加，当 KA 回到低电平时，M 端的方波不能进入计数器，计数器停止计数，即 $Q_A \sim Q_D$ 保持不变，输出电压 U_O 也将保持不变；当 KB 端和上面的情况一样时，计数器工作在减计数状态，输出电压 U_O 将减小。电位器调节的速度快慢取决于在 M 点输入方波的频率，其频率越高，电位器调节速度越快，反之则慢。为了能够在实验中观察到电位器输出端电压缓慢调节变化的过程，建议 M 点输入方波的频率应在 10Hz 以下。

2. 实验操作

按图3-5-3接线，将输入端U_i加5V电压，将方波输入端M点接实验箱频率可调的方波源，清零端接实验箱高低电平开关（高电平清零，低电平计数），KA和KB接实验箱高低电平按钮，用数字多用表监测输出端U_0的电压变化情况。

（1）观察输出端U_0电压变化的最大范围，并与输入端的U_i进行比较。

（2）改变方波源的频率，观察输出端U_0电压变化的情况。

（3）将方波源的频率调到很低，观察当M点的方波每变化一次时，输出端U_0电压变化多少伏。

六、实验总结报告

（1）参照附录1及附录2的相关要求撰写实验报告。

（2）画出实验电路图，分析电路原理。

（3）将实验结果记录到表中。

主题实验六　555定时器及其应用

一、实验目的

（1）掌握555集成电路的结构及工作原理。

（2）掌握用双通道示波器观察波形的频率和幅值。

（3）了解555集成电路的基本应用。

（4）了解用555集成电路构成多谐振荡器、单稳态触发器、施密特触发器以及拟声电路。

二、实验内容

用555时基电路完成下面各电路的实验。以下全部实验内容大约需要6学时，同学们可根据实验课安排的学时时间选择完成一部分的实验内容。

（A）555集成电路的测量。

（B）单稳态触发器。

（C）多谐振荡器和脉宽调制器。

（D）施密特触发器和光控开关。

（E）拟声电路。

三、实验用仪器设备及元器件

1. 实验用仪器设备

（1）直流稳压电源（GPS-2303C型）一台。

（2）模拟示波器（GOS-620型）一台。

（3）交流毫伏表（GVT-417B型）一台。

（4）函数信号发生器/计数器（EE1641D型）一台。

（5）数字多用表（PF66B型）一台。

（6）多孔实验板一块。

2. 实验用元器件

（1）555集成电路。

（2）电阻：1kΩ、10kΩ、15kΩ、20kΩ、82kΩ、100kΩ。

（3）电位器：10kΩ、100kΩ。

（4）电容：0.01μF、0.1μF、1μF、10μF。

（5）其他：1N4001二极管、发光二极管、光敏电阻、喇叭。

四、实验预习

（1）明确实验目的，了解实验内容，清楚有关实验原理。

（2）阅读附录 7 集成电路芯片资料有关 555 芯片的内容。

（3）按照实验要求，正确地画出实验电路图，列出实验数据记录表格。

五、实验操作

实验操作注意事项：

（1）实验中切忌将函数信号发生器的输出两端短路，以免损坏仪器。

（2）实验中切忌将直流稳压电源输出两端短路。直流稳压电源在接入电路时要确保极性的正确及合适的电压。

（A）555 集成电路的测量

555 是一种应用非常灵活的时基电路，在许多需要产生时间延迟的电路中被广泛地应用，它是模拟电路和数字电路结合的集成电路。按图 3-6-1 连接电路。

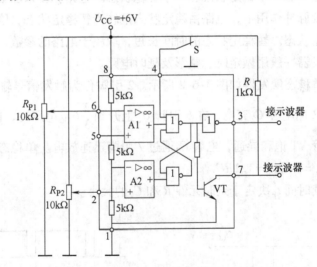

图 3-6-1　555 测量电路

将开关 S 的状态按表 3-6-1 中要求设置。调节 R_{P1} 和 R_{P2}，用数字多用表分别测量 6 引脚和 2 引脚的电压值，使其电压符合表 3-6-1 的电压范围；用示波器观察 3 引脚输出状态和 7 引脚放电管 VT 的状态，也可用数字多用表测量 3 引脚和 7 引脚的电压，在表 3-6-1 中标注观察或测量的结果。

表 3-6-1　555 功能测量表

调节输入			测量输出	
复位（4 引脚）	阈值电压（6 引脚）	触发输入（2 引脚）	放电管（7 引脚）	输出（3 引脚）
1	$\geq \dfrac{2}{3}U_{CC}$	$\geq \dfrac{1}{3}U_{CC}$	□导通 □截止	□1 □0

（续）

调节输入			测量输出	
复位（4引脚）	阀值电压（6引脚）	触发输入（2引脚）	放电管（7引脚）	输出（3引脚）
1	$\leq \frac{2}{3}U_{CC}$	$\geq \frac{1}{3}U_{CC}$	保持： □是 □否	保持： □是 □否
1	×	$\leq \frac{1}{3}U_{CC}$	□导通 □截止	□1 □0
0	×	×	□导通 □截止	□1 □0

注：1. ×表示任意电压。

2. 1表示高电平。

3. 0表示低电平。

（B）单稳态触发器

单稳态触发器是只有一个稳定状态和一个暂稳状态的电路。在未加触发脉冲前，电路处于稳定状态；在触发脉冲作用下，电路由稳定状态翻转为暂稳定状态，停留一段时间后，电路又自动返回到稳定状态。暂稳定状态的时间长短，取决于电路的参数，与触发脉冲时间长短无关。单稳态触发器一般用做定时、整形及延时电路。

由555构成的单稳态触发器如图3-6-2所示。2引脚作为触发信号输入端。当电源接通后，电源通过电阻R向电容C_2充电，在6引脚U_C上升到$\frac{2}{3}U_{CC}$电压时，内部比较器A_1输出低电平，内部放电管VT饱和导通，电容C_2通过7引脚迅速放电。单稳态触发器的波形如图3-6-3所示，图中$t_p = RC\ln 3 = 1.1RC_2$

即暂稳态的持续时间t_p决定于定时元件R和C_2的大小。

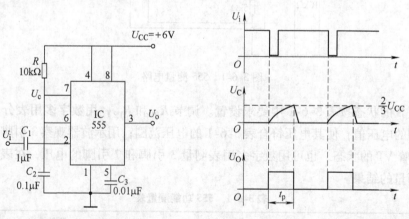

图3-6-2　单稳态触发器　　　　图3-6-3　单稳态触发器波形

R和C_2分别取值为10kΩ和0.1μF，将函数信号发生器选择为矩形波，峰峰值为$6V_{P-P}$左右，频率范围100～500Hz，并由555芯片2引脚输入。调节并且增大矩形波的占空比，用示波器的双通道观察并比较输入信号 U_i、7引脚 U_C 和输出端3引脚 U_O 的波形，根据示波器刻度读取 U_i 及 U_O 的频率、脉宽和峰值，并且记录到表3-6-2中；改变电路中的电阻 R 为 $15k\Omega$，用同样的方法观察记录结果。

表3-6-2　单稳态触发器波形及数据记录表

$R=10k\Omega$, $C_1=0.1\mu F$			$R=15k\Omega$, $C_1=0.1\mu F$		
U_i			U_i		
U_C			U_C		
U_O			U_O		
	频率	脉宽	峰值		频率	脉宽	峰值

	频率	脉宽	峰值		频率	脉宽	峰值
U_i				U_i			
U_O				U_O			

（C）多谐振荡器和脉宽调制器

1. 多谐振荡器

多谐振荡器是一种无稳态触发器，也是一种常用的脉冲波形发生器，时序电路中的时钟脉冲一般是由多谐振荡器产生，其特点是，接通电源后，不需外加触发信号，就能产生矩形波输出，其产生的波形频率由电路参数决定。图3-6-4是由555电路构成的多谐振荡器，图3-6-5是该多谐振荡器的波形图。

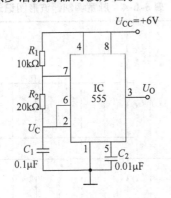

图3-6-4　多谐振荡器

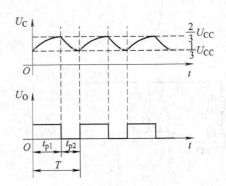

图3-6-5　多谐振荡器的波形

其中

$$t_{p1}=(R_1+R_2)C_1\ln2=0.7(R_1+R_2)C_1$$

$$t_{p2}=R_2C_1\ln2=0.7R_2C_1$$

$$T=t_{p1}+t_{p2}=0.7(R_1+2R_2)C_1$$

按图 3-6-4 接线，用示波器的双通道观察 U_C 点和输出端 U_O 的波形；根据示波器刻度读取 U_C 及 U_O 的频率、脉宽和峰值，并且记录到表 3-6-3 中；改变电路中的电容 C_1 为 $1\mu F$，用同样的方法观察记录结果。

表 3-6-3　多谐振荡器波形及数据记录表

$C_1 = 0.1\mu F$				$C_1 = 1\mu F$			
U_C 波形				U_C 波形			
U_O 波形				U_O 波形			
	频率	脉宽	峰值		频率	脉宽	峰值
U_C				U_C			
U_O				U_O			

2. 脉宽调制器

脉宽调制器也即占空比可调的方波产生器。占空比是指高低电平所占的时间的比率，占空比越大，电路开通时间就越长，反之，电路开通时间就越短。在矩形波中占空比是指正脉冲与整个周期的比值。按照这个定义，方波的占空比是 50%。

如图 3-6-6 所示电路是由 555 集成电路构成的脉宽调制器电路。按图连接电路，调节电位器 R_P，用示波器观察 2 引脚 U_C 及 3 引脚 U_O 的波形变化情况，并将波形图记录到表 3-6-4 中。

表 3-6-4　脉宽调制器波形图记录表

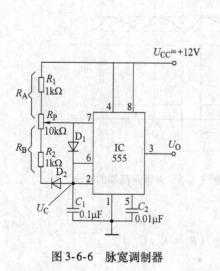

图 3-6-6　脉宽调制器

其电路原理为：由 555 组成的多谐振荡器电路在通电时就可以起振（U_C 和 U_O 的波形参见图 3-6-5），调节电位器 R_P 可使电路的占空比发生变化。刚通电时，由于电容 C_1 上的电压不能突变，U_C 为低电平，使 U_O 呈高电平；通过 R_A 和 D_1 对电容 C_1 充电，充电时间为

$$t_{p1} = 0.7 R_A C_1$$

当电容 C_1 上的电压充到 $\frac{2}{3} U_{CC}$ 时，使 U_O 呈低电平，此时电容 C_1 通过 D_2 和 R_B 及 555 内部的放电管 VT 进行放电，放电时间为

$$t_{p2} = 0.7 R_B C_1$$

设 D 为占空比，则

$$D = \frac{t_{p1}}{T} = \frac{R_A}{R_A + R_B}$$

调节 R_P，当滑动端到最上端时

$$D_{min} = \frac{t_{p1}}{T} = \frac{R_1}{R_1 + R_{RP} + R_2} = \frac{1}{1 + 10 + 1} \approx 8.3\%$$

调节 R_P，当滑动端到最下端时

$$D_{max} = \frac{t_{p1}}{T} = \frac{R_1 + R_{RP}}{R_1 + R_{RP} + R_2} = \frac{1 + 10}{1 + 10 + 1} \approx 91.7\%$$

（D）施密特触发器和光控开关

1. 施密特触发器

施密特触发器是具有特殊功能的非门电路，与普通的门电路不同，施密特触发器有两个阈值电压，分别称为正向阈值电压和负向阈值电压。在输入信号从低电平上升到高电平的过程中使输出端状态突然从高电平跳到低电平的输入电压称为正向阈值电压；在输入信号从高电平下降到低电平的过程中使输出端状态突然从低电平跳到高电平的输入电压称为负向阈值电压。正向阈值电压与负向阈值电压之差称为回差电压。施密特触发器常用在波形的整形电路中。

如图 3-6-7 所示电路是由 555 集成电路构成的施密特触发器，按图连接电路。用函数信号发生器在电路的输入端 U_i 输入 1kHz 峰峰值为 $6V_{P-P}$ 的正弦波或三角波，用示波器的双通道观察 U_i、U_O 的波形，并根据示波器刻度读取 U_i、U_O 波形的相关数值，将波形图及数据记录到表 3-6-5 中。

2. 光控开关

图 3-6-8 可以实现光控开关的功能。按图连接电路，反复用手遮挡照射到光敏电阻 R_G 的光线，同时调节电位器 R_P 到适当的位置，使 555 电路输出端的 LED 发光二极管点亮或熄灭能可靠的受控于光敏电阻 R_G 的光照，将电路调节的参数 U_R 及 U_O 记录到表中。

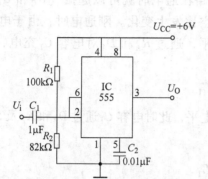

图 3-6-7 施密特触发器

表 3-6-5 施密特触发器波形及数据记录表

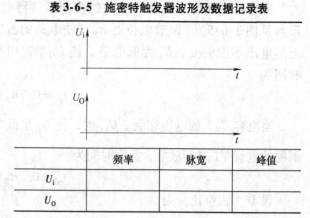

	频率	脉宽	峰值
U_i			
U_O			

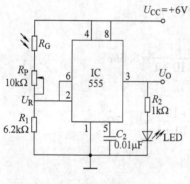

图 3-6-8 光控开关

表 3-6-6 光控开关参数记录表

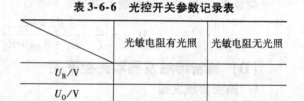

	光敏电阻有光照	光敏电阻无光照
U_R/V		
U_O/V		

（E）拟声电路

1. 简单的声响电路

555 集成电路常被用来组成声响电路。在前面的图 3-6-4 多谐振荡器电路的输出端接一个喇叭，就可以构成一个简单的单一频率的声响电路，将 555 集成电路的 4 引脚电路稍加改动引出作为声响的控制端。如图 3-6-9 所示电路，当 A 接高电平（或电源）时，喇叭可以发出固定频率的声音；当 A 接低电平（或地）时，喇叭不发声。改变 R_1、R_2 或 C_1 的数值，就可以改变电路的音调。用示波器观察输出端的波形，并且记录波形的频率。

适当改变电源电压可以改变声音大小。

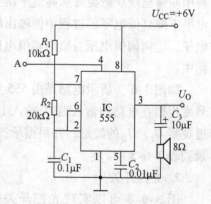

图 3-6-9 单一频率的声响

2. 模拟声响电路

单一频率的声音听起来并不是很舒服，如果只靠改变声音的频率也不会解决问题，要想听到悦耳动听的声音，就必须采用多个音频混合电路。如图 3-6-10 所示电路，由两片 555 集成电路（或一片 556）组成的两个多谐振荡器，左边的多谐振荡器电路产生的频率较低，右边的多谐振荡器电路产生的频率较高。调节电位器 R_P，可使左边的多谐振荡器频率发生改变，从而使声响效果发生变化。用双通道示波器同时观察两个 555 输出端 3 引脚的波形，并且记录波形的频率。

适当改变电源电压可以改变声音大小。

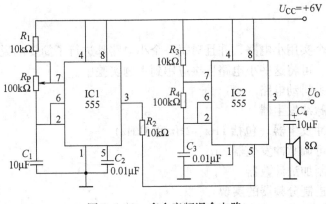

图 3-6-10　多个音频混合电路

六、实验总结报告

参照附录 1 及附录 2 的相关要求撰写实验报告。

第四章 实用小电路

本章包括了八个实用小电路，并且对每一个小电路都进行了简要的说明。同学们在做其他相关主题实验时，可将这些小电路直接应用到主题实验中。

电路一　按钮去抖动电路
电路二　单发脉冲发生器
电路三　秒脉冲发生器（包括1Hz、2Hz和1kHz）
电路四　连续可调脉冲发生器
电路五　十进制加法计数器
电路六　任意进制分频器的实现
电路七　可预置的加/减计数器的应用
电路八　逻辑笔

电路一　按钮去抖动电路

按钮开关在每按动一次时由于内部机械结构的原因，往往会使其触点产生多次的抖动（反弹）现象，触点产生的这种抖动情况相当于按动了多次按钮的效果，而且每次按动按钮时出现的抖动次数是无规律的，这种情况在操作按钮时是感觉不到的。事实上，无论是何种的机械式按钮或开关都会存在如此情况。在数字电路中如果按钮开关不做去抖动处理，直接用在电路中，这种触点抖动的情况会使某些电路无法正常工作。

采用按钮去抖动电路可以有效消除按钮或开关由于触点产生抖动情况对电路产生的影响。一种方案是使用74LS00集成电路构成双稳态电路。如图4-1a所示电路，当按动一次按钮时，它能确保在电路的输出端只有一次按动的效果，"消除"了按钮的抖动现象，按钮动作情况见表4-1，从表中可以看出，每按动一次按钮，Q的输出状态仅发生了一次变化。

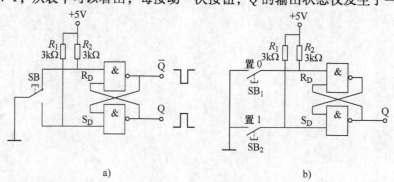

图4-1　按钮去抖动电路

表 4-1 按钮动作情况

按钮情况	触点动作过程	触点状态	R_D	S_D	输出 Q
未按动	常闭触点接通	稳定	0	1	0
按下过程	常闭触点断开瞬间	不稳定	1	1	0
			0		0
	常闭触点断开	稳定	1	1	0
	常开触点接通瞬间	不稳定	1	0	1
				1	1
按到底	常开触点接通	稳定	1	0	1
放开过程	常开触点断开瞬间	不稳定	1	1	1
				0	1
	常开触点断开	稳定	1	1	1
	常闭触点接通瞬间	不稳定	0	1	0
			1		0
按钮回位	常闭触点接通	稳定	0	1	0

为了验证按钮开关在每按动一次时会产生抖动的现象，可以用一只按钮开关直接接到本章的"电路 五十进制加法计数器"图 4-5b 的计数器"脉冲输入端"，向其输入脉冲，观察数码管显示数字的情况是否和按钮开关按动的次数相符合，然后再用按钮去抖动电路接到计数器脉冲输入端，再观察效果。

图 4-1b 所示电路是使用了两只按钮开关的电路，依次按动按钮开关，也可得到与图 4-1a 相同的效果。

74LS279 集成电路芯片其内部包含 4 个 R - S 锁存器，也可以用于按钮去抖动电路中，同学们可以参阅附录 7 的资料自己完成实验。

电路二   单发脉冲发生器

在许多电子测量系统中经常会遇到需要测定在特定周期内通过"闸门"的窄脉冲个数，如频率计、脉搏仪等。这里所说的"特定周期"就是单发脉冲所产生。单发脉冲可以精确地控制"闸门"的开启及关闭，从而完成一个测量周期过程。

实现单发脉冲的方法很多，一种与手控时间长短无关的单发脉冲发生器电路如图 4-2 所示，用 74LS112 双 J - K 触发器可以实现单发脉冲发生器。该电路能够把输入的固定频率的脉冲信号用手控的方式发出，只要按动按钮一次，电路就会发出一个脉冲，发出去的这个脉冲的宽度就是输入脉冲的一个周期，而这个周期的大小与手控操作按钮的时间长短无关。这里的手动按钮应该使用按钮去抖动电路。

注：在实际的电路中，应将悬空的 J、K、$\overline{R}_D$、$\overline{S}_D$ 这些引脚都接高电平或电源，以使电

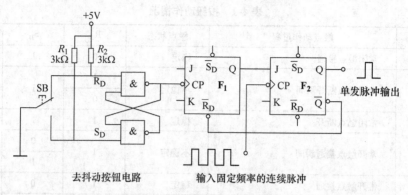

图 4-2　单发脉冲发生器

路能更可靠地工作。

电路三　秒脉冲发生器（包括 1Hz、2Hz 和 1kHz）

秒脉冲的实现有多种方式，在要求脉冲精确度比较高的场合，一般都要使用振荡频率很高的晶体振荡器（简称：晶振），再通过电路的多级分频从而得到高精度的秒脉冲。如图 4-3 所示为秒脉冲发生器。

图 4-3 电路是将频率为 32768Hz 的晶体振荡器利用 CD4060 集成电路进行 14 级二进制的分频，再经 74LS74 双 D 触发器，得到精确度很高的秒脉冲，它可以在要求较高的电路中作为秒脉冲基准源。

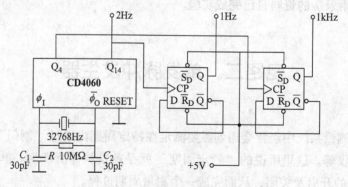

图 4-3　秒脉冲发生器

电路四　连续可调脉冲发生器

如图4-4所示电路，是由555时基电路构成的连续可调输出TTL电平的脉冲发生器，调节电位器R_P就可以在一定范围内得到频率变化的连续输出脉冲，改变电容C_1的参数，可以改变连续输出脉冲的频率调节范围。

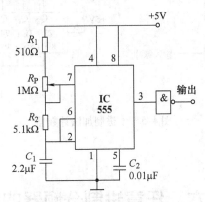

图4-4　连续可调脉冲发生器

电路五　十进制加法计数器

十进制加法计数器是最常见的一种计数器，一位的十进制计数器可以级联组成多位的计数器。若需要将计数的结果用数字的形式显示出来，还需要有译码器和显示器。图4-5a所示是一位计数器的原理框图，图4-5b所示是由74LS90十进制计数器、74LS47译码/驱动器及共阳极LED数码管组成的一位十进制计数器。

将脉冲由计数器74LS90的14引脚输入，在其Q_D、Q_C、Q_B、Q_A端会输出十进制的BCD码，BCD码再输入到74LS47的D、C、B、A输入端，经过译码/驱动，可使LED数码管显示对应脉冲输入个数的数字，将Q_D端的变化作为进位脉冲，此脉冲级连到下一级，就可扩大计数范围。

同样的原理电路，若译码器选择74LS48芯片，数码管应选择共阴极LED数码管，也可实现同样的效果。

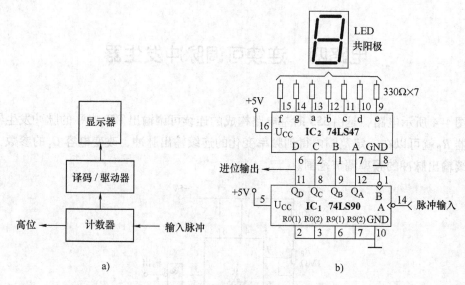

图 4-5　十进制加法计数器

电路六　任意进制分频器的实现

在许多情况下需要对脉冲序列进行 N（N 为整数）分频，使每 N 个输入脉冲经过分频器后输出一个脉冲。例如，数字钟的秒位和分位就需要进行 60 分频，也就是当电路进入 60 个秒脉冲后，就得到一个脉冲输出，这实际上是由一个十进制计数器和一个六进制计数器共同来完成的。

利用一个十进制计数器 74LS90 完成的分频器，分频系数可以是 2 到 10 之间的任何整数。主要根据复位输入端（2 引脚和 3 引脚）与哪个输出端相连接来确定。当第 N 个脉冲输入时，计数器复位，此时计数器的最高有效位作为输出。表 4-2 是用其连接成分频器的接线表。

表 4-2　利用 74LS90 连接成分频器的接线表

N 分频	芯片各引脚之间的连线	脉冲输入端	输出端
2 分频	2—3—6—7—地	14	12
3 分频	1—2—12；3—9；6—7—地	14	9
4 分频	1—12；2—3—8；6—7—地	14	9
5 分频	2—3—6—7—地	1	11
6 分频	1—12；2—9；3—8；6—7—地	14	8
7 分频	1—12；6—9；7—8；2—3—地	14	11

（续）

N 分频	芯片各引脚之间的连线	脉冲输入端	输出端
8 分频	1—12；2—3—11；6—7—地	14	8
9 分频	1—2—12；3—11；6—7—地	14	11
10 分频	1—12；2—3—6—7—地	14	11

注：1. 数字表示集成电路芯片引脚号。

　　2. "—"表示引脚之间连线。

例如：图 4-6 所示是实现 6 分频的电路接线图。将芯片 14 引脚接实验箱手动脉冲输出端，将 Q_D、Q_C、Q_B、Q_A 端接到实验箱高低电平显示灯，观察分频结果。

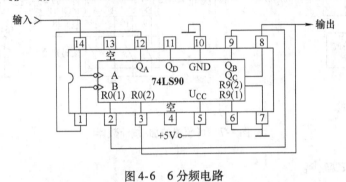

图 4-6　6 分频电路

电路七　可预置的加/减计数器的应用

计数器的应用场合已经非常普遍，既有加计数的应用也有减计数的应用。一般情况下计数器事先都需要预设数据，然后计数器在这个预设数据的基础上进行加计数或减计数。这种计数功能的计数器称为可预置的加/减计数器。计数器一般由可预置的加/减计数器、译码/驱动器、显示器、预置电路等组成，其原理框图如图 4-7a 所示。

图 4-7b 所示电路，是由 74LS192 构成的可预置的加/减计数器，它可以在设定好的一个起始数的基础上对预设的数据进行加法计数或减法计数，并且将变化的数据以 BCD 码的形式传送给译码/驱动器再由 LED 数码管显示。

将置数控制端的 S_3 掷向"地"端，计数器 IC_1 的数据输入端 A ~ D 所接的四位拨码开关按 8421 码设置开关的位置，此时预置的数据被输入到 IC_1 中并经过 IC_2 译码/驱动在数码管 LED 上显示出来。在接下来的计数过程中需将 S_3 掷向高电平（电源）端。

预置数值完成后，输入计数脉冲可选择"输入加脉冲"端或"输入减脉冲"端。开关 S_1 掷向"输入加脉冲"端，脉冲可由 CP_U 端输入，计数器是加法计数，LED 显示数字随之增加；开关 S_2 掷向"输入减脉冲"端，脉冲可由 CP_D 端输入，计数器是进行减法计数，

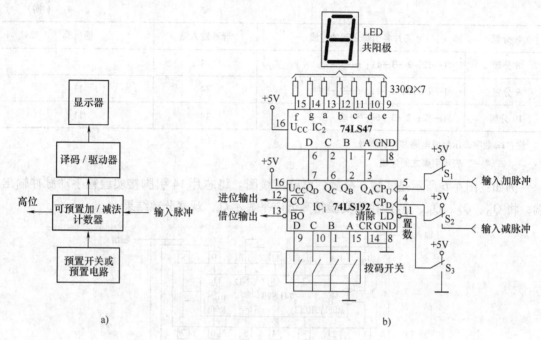

图 4-7　可预置的加/减计数器

LED 显示数字随之减少。

注：当进行加法计数时，S_2 应该掷向高电平（电源）端，否则计数器工作不稳定；同理，进行减法计数时，S_1 应该掷向高电平（电源）端。

电路八　逻　辑　笔

不同系列的数字电路，随着芯片工作电压的不同，它们的高低电平有着各自不同的电压数值。图 4-8 所示是几种系列的数字电路电平参数。在研究数字电路时，准确地判断电路的高低电平十分重要。

逻辑笔就是根据这些不同的电平设计出来的，它是能够判断电路逻辑状态的一种小型工具。逻辑笔一般是利用两个发光二极管来显示被测点的三种逻辑状态。

（1）输入端悬空高阻抗状态时，两只发光二极管都不亮。

（2）输入端逻辑高电平时，红色发光二极管亮。

（3）输入端逻辑低电平时，绿色发光二极管亮。

图 4-9 所示是一个由 LM339 比较器组成的简单的测量 TTL 逻辑电平的逻辑笔电路。

工作原理：逻辑笔的电源取自于被测电路，并且与被测电路为同一公共接地端。

根据图 4-8 中的 5V 的 TTL 系列集成电路的电平参数，选择 R_4、R_5、R_6 电阻值，使得在比较器 A_1 的 7 引脚得到固定的分压电压 2.0V（上限电平），在比较器 A_2 的 4 引脚得到固定的分压电压 0.8V（下限电平），这两个分压值就是逻辑笔在测量某点电平时的逻辑高电平

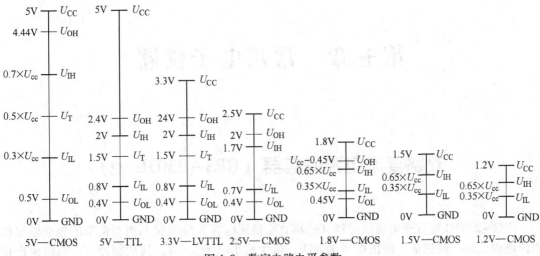

图 4-8　数字电路电平参数

及逻辑低电平的固定"门坎"电压。同样，比较器 A_1 的 6 引脚电压和比较器 A_2 的 5 引脚电压由电阻 R_2 和 R_3 的取值得到分压电压为 1.7V，但此电压还将受输入端的电压影响而改变。当输入端测量到某一电平电压时，此电压使得比较器 A_1 的 6 引脚电压和比较器 A_2 的 5 引脚电压发生变化，这个电压经过与比较器 A_1 的 7 引脚电压及比较器 A_2 的 4 引脚电压进行比较，当比较器的反相端电平大于同相端电平值时，其输出端为低电平，否则将为高电平。因此，在逻辑笔实际测量中会有下面三种情况：

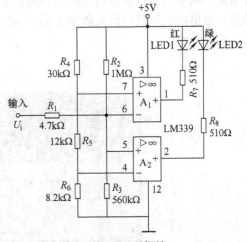

图 4-9　逻辑笔

（1）当输入端测量结果为悬空状态时，此时比较器 A_1 的 7 引脚比 6 引脚的电压高，因此 1 引脚输出高电平，所以 LED_1 不亮；而比较器 A_2 的 5 引脚比 4 引脚电压高，此时 2 引脚输出高电平，所以 LED_2 也不亮。

（2）当输入端测量电平为"1"时，此时比较器 A_1 的 7 引脚比 6 引脚的电压低，因此 1 引脚输出低电平，所以 LED_1 亮；而比较器 A_2 的 5 引脚比 4 引脚电压高，此时 2 引脚输出高电平，所以 LED_2 不亮。

（3）当输入端测量电平为"0"时，此时比较器 A_1 的 7 引脚比 6 引脚的电压高，因此 1 引脚输出高电平，所以 LED_1 不亮；而比较器 A_2 的 5 引脚比 4 引脚电压低，此时 2 引脚输出低电平，所以 LED_2 亮。

参考图 4-8 中不同系列数字电路的电平数值，调整图 4-9 电路中 R_4、R_5、R_6 的阻值，就可以重新定义逻辑笔高低电平的电压值，使其构成分压电路的数值满足该系列电平数值。

若需要进一步理解该电路，可参见第二章中的主题实验四"集成运算放大器（比较器）的应用"。

第五章 常用电子仪器

双路直流电源供应器（GPS – 2303C 型）

GPS – 2303C 型直流电源供应器（也称直流稳压电源）能提供两组可调节的独立输出的直流电源，每一路的最大输出电压为 30V，最大输出电流为 3A，其功能如下：两组输出也可组成串联输出模式或并输出模式；可作为恒压源使用，也可作为恒流源使用；有限流调节功能；输出的电压及电流由数字显示。GPS – 2303C 型直流电源供应器如图 5-1 所示。

面板介绍

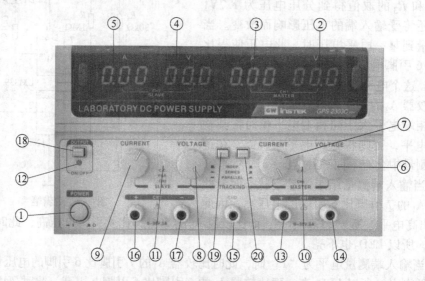

图 5-1　GPS – 2303C 型直流电源供应器

① 电源开关（POWER）：此按键按下时，整机电源接通，仪器工作；此键释放为关闭整机电源。

② 电压显示（V）：显示 CH1 的输出电压。

③ 电流显示（A）：显示 CH1 的输出电流。

④ 电压显示（V）：显示 CH2 的输出电压。

⑤ 电流显示（A）：显示 CH2 的输出电流。

⑥ 电压调节旋钮（VOLTAGE）：调节 CH1 的输出电压。在并联或串联追踪模式时，用于 CH2 最大输出电压的调整。

⑦ 电流调节旋钮（CURRENT）：调节 CH1 的输出电流。在并联模式时，用于 CH2 最大

输出电流的调整　※（一）。

⑧ 电压调节旋钮（VOLTAGE）：调节 CH2 的输出电压。

⑨ 电流调节旋钮（CURRENT）：调节 CH2 的输出电流　※（二）。

⑩ CH1 输出指示灯（C.V./C.C.）：当 CH1 输出在恒压源状态时，或在并联或串联追踪模式下，CH1 和 CH2 输出在恒压源状态时，C.V. 灯（绿灯）就会亮；当 CH1 输出在恒流源状态时，C.C. 灯（红灯）就会亮。

⑪ CH2 输出指示灯（C.V./C.C）：当 CH2 输出在恒压源状态时，C.V. 灯（绿灯）就会亮；在并联追踪模式下，CH2 输出在恒流源状态时，C.C. 灯（红灯）就会亮。

⑫ 输出开关指示灯。

⑬ 输出端子（+）：CH1 正极输出端子。

⑭ 输出端子（-）：CH1 负极输出端子。

⑮ 接地端子（GND）：大地和底座接地端子。

⑯ 输出端子（+）：CH2 正极输出端子。

⑰ 输出端子（-）：CH2 负极输出端子。

⑱ 输出开关（OUTPUT）：打开或关闭电源输出。

⑲ 追踪模式按键（TRACKING）：两个按键配合使用，可选择独立输出、串联输出或并联输出三种模式　※（三）。

※（一）、（二）两个旋钮调节 CH1、CH2 的输出电流：

（1）限流点的设定

1）首先确定所需供给的最大安全电流值。

2）用测试导线暂时将输出端的正极和负极短路。

3）将电压控制旋钮从零开始旋转直到 C.C. 灯亮起。

4）调整电流控制钮到所需的限制电流，并从电流表上读取电流值。

5）此时，限流点（过载保护）已经设定完成，请勿再旋转电流控制旋钮。

6）去除步骤 2 中输出端正极和负极的短路导线，连接恒压源操作。

（2）恒电压/恒电流的特性

本电源供应器的工作特性为恒电压/恒电流自动交越的形式，即当输出电流达到预定值时，可自动将电压稳定性转变为电流稳定性的电源供给行为，反之亦然。恒电压和恒电流交点称之为交越点。

例如，电源为一负载提供恒定电压，此时，该输出电压停留在一额定电压点；然后改变负载，使其电流达到限流点的界限。在此点，输出电流成为一恒定电流，且输出电压将有微量甚至更多的电压下降。从前面板的 LED 显示，可以得知当红色 C.C. 灯亮时，表示电源供应器在恒电流状态。

※（三）两个按键可选择 INDEP（独立）、SERIES（串联）或 PARALLEL（并联）的模式，依据以下步骤：

（1）当两个按键都未按下时，工作在独立模式，CH1 和 CH2 的输出分别独立。

（2）只按下左键，不按下右键时，工作在串联模式。

当选择串联模式时，CH2 输出端正极将主动与 CH1 输出端子的负极连接，而其最大电压（串联电压）即由二组（CH1 和 CH2）输出电压相互串联成一组电压。由 CH1 电压控制旋钮即可控制 CH2 输出电压，自动设定和 CH1 相同变化量的输出电压。

将 CH2 电流控制旋钮顺时针旋转到底，CH2 的最大电流的输出随 CH1 电流设定值而改变。

注：在串联模式下，实际的输出电压值为 CH1 表头显示的 2 倍，而实际输出电流值则可直接从 CH1 或 CH2 电流表头显示值得知。

在串联模式时，也可使用电流控制旋钮来设定最大电流。流过两组电源供应器的电流必须相等，其最大限流点取二组电流控制旋钮中较低的一组读值。

（3）两个键同时按下时，工作在并联模式。

在并联追踪模式时，CH1 输出端正极和负极会自动地和 CH2 输出端正极和负极两两相互并连接在一起，而此时，CH1 表头显示 CH1 输出端的额定电压值及两倍的额定电流输出。

函数信号发生器/计数器（EE1641C 型）

如图 5-2 所示是一台具有连续信号、扫频信号、函数信号、脉冲信号以及计数功能的多功能的函数信号发生器/计数器的仪器。

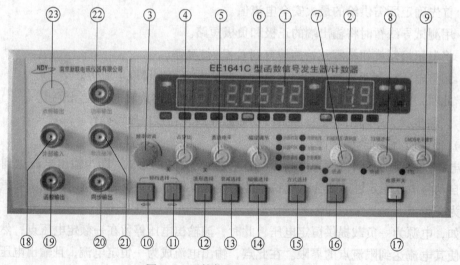

图 5-2　函数信号发生器/计数器

面板介绍

① 频率显示窗口：显示输出信号的频率或外输入信号的频率。

② 幅度显示窗口：显示函数输出信号的幅度。

③ 频率微调旋钮：调节此旋钮可以改变输出信号频率。

④ 输出波形占空比调节旋钮：调节此旋钮可以改变输出信号的对称性。当旋钮处在

"关"的位置时，则输出对称波形信号。

⑤ 函数输出信号直流电平调节旋钮：调节范围：－10～＋10V（空载），－5～＋5V（50Ω负载），当旋钮处在"关"的位置时，则为0电平。

⑥ 函数信号输出幅度调节旋钮：调节此旋钮可以改变输出信号的幅度，调节范围20dB。

⑦ 扫描宽度/调制度调节旋钮：调节此旋钮可以调节扫频输出的频率宽度。在外测频时，逆时针旋到底（绿灯亮），为外输入测量信号经过低通开关进入测量系统。调节此旋钮可调节频率的频偏范围、调幅时的调制度和FSK调制时的高低频率差值，逆时针旋到底为关调制。

⑧ 扫描速率调节旋钮：调节此旋钮可以改变内扫描的时间长短。外测频时，逆时针旋到底（绿灯亮），为外输入测量信号经过衰减"20dB"进入系统。

⑨ CMOS电平调节旋钮：调节此旋钮可以调节输出的CMOS电平，当旋钮逆时针旋到底（绿灯亮）时，输出为标准的TTL电平。

⑩、⑪ 频段选择按钮：每按一次此按钮，输出频率向左或向右调整一个频段。向左为低频段，向右为高频段。

⑫ 输出波形选择按钮：按此按钮可选择正弦波、三角波、矩形波输出。

⑬ 函数信号输出幅度衰减选择按钮：可选择信号输出的0dB、20dB、40dB、60dB衰减的切换。

⑭ 幅值选择按钮：此按钮可选择正弦波的幅度显示的峰－峰值（p－p）与有效值（rms）之间的切换。

⑮ 方式选择按钮：可选择多种扫描方式、多种内外调制方式以及外测频方式。

⑯ 单脉冲按钮：控制单脉冲输出，每按动一次此按钮，单脉冲输出电平翻转一次。

⑰ 整机电源开关：此按键按下时，机内电源接通，整机工作；此键释放为关掉整机电源。

⑱ 外部输入端：当方式选择按钮⑮选择在外部调制方式或外部计数时，外部调制控制信号或外测频信号由此输入。

⑲ 函数信号输出端：输出多种波形受控的函数信号，输出幅度20Vp－p（空载），10Vp－p（50Ω负载）。

⑳ 同步输出端：当CMOS电平调节旋钮⑨逆时针旋到底，输出标准的TTL幅度的脉冲信号，输出阻抗为600Ω；当CMOS电平调节旋钮打开，则输出CMOS电平脉冲信号，高电平在5～13.5V可调。

㉑ 单脉冲输出端：单脉冲输出由此端口输出，"0"电平：≤0.5V；"1"电平：≥3V。

㉒ 点频输出端（选件）或通道B（选件）：当选用点频输出时，提供50Hz的正弦波信号；当选用通道B时，为计数输入高端，能测量25M～1GHz的外部输入信号。

㉓ 功率输出端（选件）：提供≥10W（4Ω负载）的正弦波功率输出。频率范围为20Hz～40kHz。

双轨迹示波器（GOS – 620 型）

双轨迹示波器如图 5-3 所示。

面板介绍

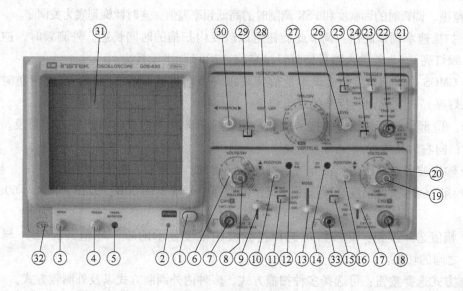

图 5-3 双轨迹示波器

① 电源开关：电源主开关，按下此按钮可接通电源，再按一次，开关凸起时，则切断电源。

② POWER：电源接通时指示灯亮；电源关闭时指示灯灭。

③ INTEN：轨迹及光点亮度控制钮。

④ FOCUS：轨迹聚焦调整钮。

⑤ TRACE ROTATION：使水平轨迹与刻度线成平行的调整钮。

㉛ CRT 显示屏 ：可观察波形。

1. VERTICAL 垂直偏向部分（在面板下半部分）

⑥、⑳ VOLTS/DIV：垂直衰减选择钮，以此钮选择 CH1 及 CH2 的输入信号衰减幅度，范围为 5mV/DIV ~ 5V/DIV，共 10 档。

⑦ CH1（X）输入：CH1 的垂直输入端；在 X – Y 模式中，为 X 轴的信号输入端。

⑧、⑲ VARIABLE：灵敏度微调控制，至少可调节到显示值的 1/2.5。在 CAL 位置时，灵敏度即为档位显示值。当此旋钮旋出时（×5MAG 状态），垂直放大器灵敏度增加 5 倍。

⑨、⑰ AC – GND – DC：输入信号耦合选择按键组。AC：垂直输入信号电容耦合，截止直流或极低频信号输入。GND：隔离信号输入，并将垂直衰减器输入端接地，使之产生一

个零电压的参考信号。DC：垂直输入信号直流耦合，使 AC 或 DC 信号一齐输入到放大器。

⑩、⑯ POSITION：轨迹及光点的垂直位置调整钮。

⑪ ALT/CHOP：当在双轨迹模式下，放开此键，则 CH1 及 CH2 以交替方式显示。（一般使用于较快速的水平扫描）当在双轨迹模式下，按下此键，则 CH1 及 CH2 以切割方式显示。（一般使用于较慢速的水平扫描）

⑫、⑭ CH1 及 CH2　DC BAL：调整垂直直流平衡点。

⑬ VERT MODE：CH1 及 CH2 选择垂直操作模式。

CH1：设定本示波器以 CH1 单一频道方式工作。

CH2：设定本示波器以 CH2 单一频道方式工作。

DUAL：设定本示波器以 CH1 及 CH2 双频道方式工作，此时并可切换 ALT/CHOP 模式来显示两轨迹。

ADD：用以显示 CH1 及 CH2 的相加信号；当⑮键 CH2 INV 为压下状态时，即可显示 CH1 及 CH2 的相减信号。

⑮ CH2 INV：此键按下时，CH2 的信号将会被反向。CH2 输入信号于 ADD 模式时，CH2 触发截选信号亦会被反向。

⑱ CH2（Y）输入：CH2 的垂直输入端；在 X－Y 模式中，为 Y 轴的信号输入端。

2. TRIGGER 触发部分（在面板右上部分）

㉑ SOURCE：内部触发源信号及外部 EXT TRIG. IN 输入信号选择器。

CH1：当⑬键 VERT　MODE 选择器在 DUAL 或 ADD 位置时，以 CH1 输入端的信号作为内部触发源。

CH2：当⑬键 VERT　MODE 选择器在 DUAL 或 ADD 位置时，以 CH2 输入端的信号作为内部触发源。

LINE：将 AC 电源线频率作为触发信号。

EXT：将 TRIG. IN 端子㉒输入的信号作为外部触发信号源。

㉒ EXT TRIG. IN：TRIG. IN 输入端子，可输入外部触发信号。欲用此端子时，须先将㉑键 SOURCE 选择器置于 EXT 位置。

㉓ TRIGGER　MODE：触发模式选择开关。

AUTO：当没有触发信号或触发信号的频率小于 25Hz 时，扫描会自动产生。

NORM：当没有触发信号时，扫描将处于预备状态，屏幕上不会显示任何轨迹。本功能主要用于观察 ≤25Hz 的信号。

TV－V：用于观测电视讯号的垂直画面信号。

TV－H：用于观测电视讯号的水平画面信号。

㉔ SLOPE：触发斜率选择键。

＋：凸起时为正斜率触发，当信号正向通过触发准位时进行触发。

－：按下时为负斜率触发，当信号负向通过触发准位时进行触发。

㉕ TRIG. ALT：触发源交替设定键，当⑬键 VERT MODE 选择器在 DUAL 或 ADD 位置，且㉑键 SOURCE 选择器置于 CH1 或 CH2 位置时，按下此键，本仪器即会自动设定 CH1 与

CH2 的输入信号以交替方式轮流作为内部触发信号源。

㉖ LEVEL：触发准位调整钮，旋转此钮以同步波形，并设定该波形的起始点。将旋钮"＋"旋转，触发准位会向上移；将旋钮"－"旋转，触发准位会向下移。

3. 水平偏向部分

㉗ TIME/DIV：扫描时间选择钮，扫描范围从 0.2μs/DIV 到 0.5s/DIV 共 20 个档位。X－Y：设定为 X－Y 模式。

㉘ SWP. VAR：扫描时间的可变控制旋钮，旋转此控制钮，扫描时间可延长至少为指示数值的 2.5 倍；该旋钮旋转到 CAL 时，则指示数值将被校准。

㉙ ×10 MAG：水平放大键，按下此键可将扫描放大 10 倍。

㉚ POSITION：轨迹及光点的水平位置调整钮。

4. 其他功能

㉜ CAL（2Vp－p）：此端子会输出一个 2Vp－p，1kHz 的方波，用以校正测试棒及检查垂直偏向的灵敏度。

㉝ GND：示波器接地端子。

台式数字多用表（PF66B 型）

这是一款四位半的台式数字多用表，它最大显示数值为"19999"。可以测量电阻、直流电压、交流电压、直流电流和交流电流。交流测量为真有效值。

1. 面板介绍

台式数字多用表如图 5-4 所示。

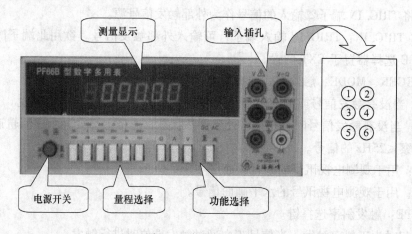

图 5-4 台式数字多用表

2. 操作方法

（1）电阻测量

共分六个测量范围档位。可进行 0～20MΩ 电阻测量。接线应选择②、④输入插孔，且功能开关 DC/AC 应置于 DC 档位。

（2）直流电压、交流电压测量

共分五个测量范围档位。200V 以下直流或交流电压测量，接线应选择②、④输入插孔；直流 1000V 或交流 750V 以下电压测量，应选择①、③输入插孔。

（3）直流电流、交流电流测量

共分六个测量范围档位。2A 以下电流测量应选择④、⑥输入插孔；20A 以下交直流电流测量应选择③、⑤输入插孔。

3. 使用注意事项

（1）量程过载及显示

当被测量值超过仪表测量范围时，仪表显示为多个"0"同时闪烁，此时应切换到更高的测量范围。

当产品在正常工作条件下应能承受如下交直流电压/电流过载 10s，去除过载后应能正常工作。

量程	允许过载
200mV/200μA	2V/2mA
2V/2mA	20V/20mA
20V/20mA	100V/100mA
200V/200mV	250V/250mV
1000V/2A/20A	$1200V_{DC}$/$800V_{AC}$/2A/20A

当电流测量时，输入插孔④内置有 2A/250V 熔丝起电流保护作用，而 20A 测量时无熔丝保护，要特别注意不应过载。

当电阻测量时，仪器内部虽采取了自保护措施，但在实际使用中仍不应输入电压。

（2）开机后需预热 1 小时后才可进行测量，否则会对测量精度产生影响。

（3）仪器经过剧烈的环境条件变化或长期不使用，在首次使用时应开机通电 3～4 小时才可进行测量，否则也会对测量精度产生影响。

数字万用表（DT－9922B 型）

数字万用表是一种多功能、多量程的便携式电工仪表，它可以测量直流电压、交直流电压、直流电流、交流电流、电阻、电容、晶体管共射极直流放大系数 h_{FE} 等参数，如图 5-5 所示。下面是 DT－9922B 型数字万用表的功能简介。

（1）这是一款三位半的数字万用表，其最大显示数值为"1999"，在被测量超过量程时，最左边的一位将显示"1"，而后三位都熄灭。

（2）仪表上"COM"为黑表棒插孔，"V/Ω、A、10A"分别为红表棒插孔。

（3）主要量程有：

欧姆档：200Ω、2kΩ、20kΩ、200kΩ、2MΩ、20MΩ。

直流电压档：200mV、2V、20V、200V、1000V。

交流电压档：200mV、2V、20V、200V、700V。

直流电流档：2mA、200mA、20mA/10A。

交流电流档：2mA、200mA、20mA/10A。

电容测量档：2nF、20nF、200nF、20μF、200μF。

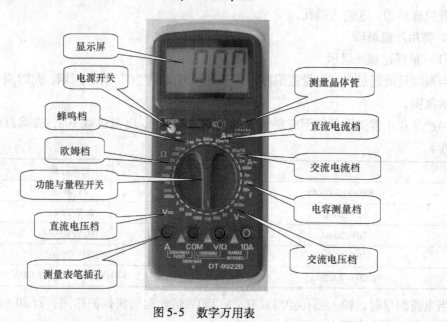

图5-5　数字万用表

（4）使用万用表的注意事项。

1）测量时不能用手触摸表棒的金属部分，以保证安全和测量的准确性。若测电阻时若用手捏住表棒的金属部分，会将人体电阻并接于被测电阻而引起测量偏差。

2）不允许带电测量电阻，否则会烧坏万用表。

3）在测量大容量电容时，应将电容先放电再测量。

4）一定不能用电阻档测电压，否则会烧坏熔断器或损坏万用表。

5）不能带电调整档位量程，因为档位变换触点在切换过程中可能会产生电弧而烧坏表内线路板或触点滑片。

交流毫伏表（GVT-417B型）

1. 面板介绍

交流毫伏表如图5-6所示。

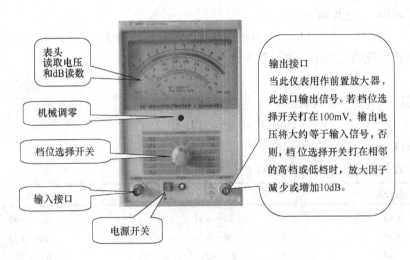

表头
读取电压
和dB读数

机械调零

档位选择开关

输入接口

电源开关

输出接口

当此仪表用作前置放大器，此接口输出信号。若档位选择开关打在100mV，输出电压将大约等于输入信号，否则，档位选择开关打在相邻的高档或低档时，放大因子减少或增加10dB。

图 5-6　交流毫伏表

2. 操作方法

（1）在不接通电源的情况下，首先检查零点，若有漂移，可用螺丝起子调整仪表前盖中央的机械调零螺丝。

（2）将交流电源插头插入仪表后面的交流电源插座。

（3）电压测量：

1）设置档位到100V并打开电源。

2）将测试线连到输入接口，开始测量。

3）调整档位选择开关直到指针指在满刻度的1/3以上处，以方便读值。

（4）分贝档位的应用：

表盘上提供有两个分贝刻度，校准如下：

$$0dB = 1V$$

$$0dBm = 0.775V（1mV，600\Omega）$$

1）dB。"Bel"是计量功率比值的对数单位，一个分贝（"decibel"，缩写为dB）为一个贝尔（Bel）的十分之一。

dB的定义如下：

$$dB = 10\log P_2/P_1$$

若 $P_1 = P_2$，功率比值可如下所示：

$$dB = 20\log E_2/E_1 = 20\log I_2/I_1$$

dB的定义最初如上用以表示功率的比值，但在应用中，其他值的比率（电压比或电流比）对数也可称为dB。

例如，一个放大器的输入电压为10mV，输出电压为10V，放大等级 = 20log（10V/10mV）= 60dB

2）dBm。"dBm"为dB（mW）的缩写，表示的是相对于1mW的功率比值，通常指的是600Ω阻抗下的功率。

因此，"0dBm"定义如下：

$$0dBm = 1mW \text{ 或 } 0.775V \text{ 或 } 1.291mA$$

3）功率或电压的级别由刻度读值和选择的档位决定。

例如：

刻度读值	档位	级别
（－1dB）＋	（＋20dB）＝	＋19dB
（＋2dBm）＋	（＋10dBm）＝	＋12dBm

4）显示表头的 dB 和 dBm 刻度如下：

档位设定	dB	dBm
＋40	＋20 ~ ＋41	＋20 ~ ＋43
＋30	＋10 ~ ＋31	＋10 ~ ＋33
＋20	0 ~ ＋21	0 ~ ＋23
＋10	－10 ~ ＋11	－10 ~ ＋13
0	－20 ~ ＋1	－20 ~ ＋3
－10	－30 ~ －9	－30 ~ －7
－20	－40 ~ －19	－40 ~ －17
－30	－50 ~ －29	－50 ~ －27
－40	－60 ~ －39	－60 ~ －37
－50	－70 ~ －49	－70 ~ －47
－60	－80 ~ －59	－80 ~ －57
－70	－90 ~ －69	－90 ~ －67

数字交流功率表（GPM－8212 型）

GPM－8212 是一台以 16 位微处理器为运算核心，全数字化测量、校正、输出等多功能的交流电力测量仪器。因为其微处理器具有快速取样及运算能力，对于波形失真信号亦能准确地测量出其有效值。除了基本的电压、电流、瓦特、功率因数、频率的测量功能外，还有 PT、CT 比设定、显示值保持、最大值最小值保持、档位选择或自动换文件等功能。

1. 面板介绍

数字交流功率表面板如图 5-7 所示。

说明：面板右侧接线孔等效电路如图右侧所示，上边四个红色接线孔是经常使用的，在使用时不得接错。该功率表不但可以测量功率，还可以作为独立的交流电压表或交流电流表使用。当只使用左边的两个接线孔（即 N_{OUT} 和 L_{OUT}）时，就是独立的交流电压表；当只使用下边的两个接线孔（即 N_{OUT} 和 N_{IN}）时，就是独立的交流电流表。

还要特别注意，测量的电流如果会到达 10A 时，必须使用截面积 $1.0mm^2$ 以上的导线，会到达 20A 时，则须使用截面积 $2.0mm^2$ 以上的导线。

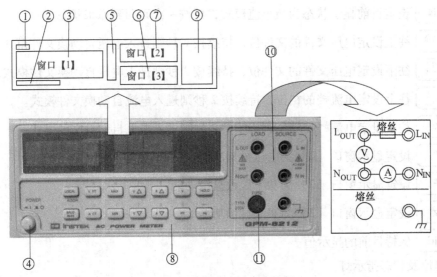

图 5-7 数字交流功率表面板

2. 面板说明

① 远程控制状态指示灯（RMT）。

② 状态指示灯：RUN、HOLD、MAX、MIN、RATIO。

当仪器在正常状态时，RUN 指示灯以固定频率闪烁，若异常，则指示灯呈恒亮或恒灭状态。

当按下［HOLD］键时，HOLD 指示灯亮，此时显示值保持，不随输入改变而变化。

当按下［MAX］键时，MAX 指示灯亮，此时显示值为按下［MAX］键至目前所量得之最大值。

当按下［MIN］键时，MIN 指示灯亮，此时显示值为按下［MIN］键至目前所量得之最小值。

当仪器的 PT、CT 比被设定为 1 以外的值时，则 RATIO 指示灯亮。（出厂时皆设定为 1）

③ 瓦特显示窗口【1】。

④ 电源开关。

⑤ 功率单位指示灯：mW、W、kW 分别为毫瓦、瓦特、千瓦单位指示灯。

⑥ 电流显示窗口【3】。

⑦ 电压/功率因数/频率显示窗口【2】。

⑧ 测量设定按钮：

Addr 设定仪器的地址（Address），只对选购 RS–485 界面有效。

Baud 设定仪器的接口传输速率（Baudrate），共有 1200，2400、4800、9600bps 可供选择。

V PT 设定仪器的比压器倍数（PT Ratio），范围为 1~9999。

A CT 设定仪器的比流器倍数（CT Ratio），范围为 1~9999。

MAX 设定目前显示状态为最大值模式，再按一次则回到原来状态。

(MIN) 设定目前显示状态为最小值模式，再按一次则回到原来状态。

(V ⇧) 往上设定电压文件的文件位，持续按 2 秒则进入电压自动换文件模式。

(V ⇩) 往下设定电压文件的文件位，持续按 2 秒则进入电压自动换文件模式。

(A ⇧) 往上设定电流档的档位，持续按 2 秒则进入电流自动换文件模式。

(A ⇩) 往下设定电流档的档位，持续按 2 秒则进入电流自动换文件模式。

(V) 设定显示窗口【2】为电压显示功能。

(PF) 设定显示窗口【2】为功率因数显示功能。

(Hz) 设定显示窗口【2】为频率显示功能。

(Hold) 保持目前的显示值。

⑨ 单位及状态指示灯：

V、kV 分别为伏特、千伏特单位指示灯。

PF 为功率因素单位指示灯。

Hz 为赫兹单位指示灯。

Auto 自动换档指示灯：

在电压测试的窗口设定为自动换文件时，指示灯会亮。电压测量将随着外部电压的改变而自动换档。

在电流测试的窗口设定为自动换文件时，指示灯会亮。电流测量将随着外部电流的改变而自动换档。

mA、A、kA 分别为毫安、安培、千安培单位指示灯。

PEAK 为峰值指示灯：

窗口【2】的电压峰值指示灯，在输入电压峰值大于该文件之最高测量电压时，指示灯会亮（若 PEAK 灯亮时，则以手动方式调整峰值指示灯，按 ΔV 钮使灯号熄灭，以确保测量之准确）。

窗口【3】的电流峰值指示灯，在输入电流峰值大于该档的最高测量电流时，指示灯会亮（若 PEAK 灯亮时，则以手动方式调整峰值指示灯，按 ΔA 钮使灯号熄灭，以确保测量之准确）。

⑩ 测量线插孔，其内部"结构"相当于图右侧所示。

⑪ 熔丝座，即为 L_{OUT} 和 L_{IN} 两插孔之间的熔丝，起保护作用。

3. 操作

（1）设定传输速率（ Baudrate ）

1）按下［Baud］，窗口【2】显示 BAUD，窗口【3】显示上次设定值，窗口【1】显示"－ － － －"，若持续 5 秒没有按键，则回到先前的测量模式。亦可直接按［Back］键，立即回到测量模式。

2）可以根据以下步骤设定所需的数值，例如设定数值为1200：

　≫ 按下［1］此时显示 1 － － －。

　≫ 按下［2］此时显示 12 － －。

　≫ 按下［0］［0］此时显示 1200。

3）若有错误，按［Back］清除前一位数。

4）若无错误按［ENTER］储存数据后，立即回到测量模式。

（2）设定地址（Address）

1）按下［Addr］，窗口【2】显示 ADDR，窗口【3】显示上次设定值，窗口【1】显示"－－"，若持续 5 秒没有按键，则回到测量模式。亦可直接按［Back］键，立即回到测量模式。

2）可以根据以下步骤设定所需之数值，例如设定数值为 10：

≫ 按下［1］此时显示 1 －。

≫ 按下［0］此时显示 10。

3）若有错误，按［Back］清除前一位数。

4）若无错误，按［ENTER］储存数据后，立即回到测量模式。

（3）设定比压器倍数（PT Ratio）

1）按下［V PT］，窗口【2】显示 PT，窗口【3】显示上次设定值，窗口【1】显示"－－－－"，若持续 5 秒没有按键，则回到测量模式。亦可直接按［Back］键，立即回到测量模式。

2）可以根据以下步骤设定所需之数值，例如设定数值为 1000：

≫ 按下［1］此时显示 1 － － －。

≫ 按下［0］［0］［0］此时显示 1000。

3）若有错误，按［Back］清除前一位数。

4）若无错误，按［ENTER］储存数据后，立即回到测量模式。

（4）设定比流器倍数（CT Ratio）

1）按下［A CT］，窗口【2】显示 CT，窗口【3】显示上次设定值，窗口【1】显示"－－－－"，若持续 5 秒没有按键，则回到测量模式。亦可直接按［Back］键，立即回到测量模式。

2）可以根据以下步骤设定所需之数值，例如设定数值为 1000：

≫ 按下［1］此时显示 1 － － －。

≫ 按下［0］［0］［0］此时显示 1000。

3）若有错误，按［Back］清除前一位数。

4）若无错误，按［ENTER］储存数据后，立即回到测量模式。

4. 基本功能及技术参数

数字交流功率表的基本功能及技术参数见表 5-1。

表 5-1 基本功能及技术参数

工作电源		AC（100～230V）±10%，50/60Hz
显示器		4 位数 0.56 英寸 LED，4 位数 0.4 英寸 LED×2
过载指示		"O. L"
电压测量	8 个档位（自动或手动选档）	5.000V，10.00V，20.00V，40.00V，80.00V，160.0V，320.0V，640.0V
	测量形式	True rms
	输入阻抗	≥1MΩ（所有电压文件）
	最大输入电压	1000V（峰值），700V（有效值）
	PT 比设定范围	1～9999
	准确度（在 23℃±5℃）正弦波	±0.1%读值，±0.1%档位

（续）

电流测量	8 个档位（自动或手动选档）	160.0mA，320.0mA，640.0mA，1.280A，2.560A，5.120A，10.24A，20.48A						
	测量形式	True rms						
	输入阻抗	0.01Ω						
	最大输入电流	30A 峰值，20A 有效值						
	CT 比设定范围	1 ~ 9999						
	准确度（在23℃±5℃）正弦波	±0.1% 读值，±0.1% 档位						

瓦特测量	档位							
	W ╲ A ╱ V	160.0mA	320.0mA	640.0mA	1.280A	2.560A	5.120A	10.24A	20.48A
	5.000V	800.0mW	1.600W	3.200W	6.400W	12.80W	25.60W	51.20W	102.4W
	10.00V	1.600W	3.200W	6.400W	12.80W	25.60W	51.20W	102.4W	204.8W
	20.00V	3.200W	6.400W	12.80W	25.60W	51.20W	102.4W	204.8W	409.6W
	40.00V	6.400W	12.80W	25.60W	51.20W	102.4W	204.8W	409.6W	819.2W
	80.00V	12.80W	25.60W	51.20W	102.4W	204.8W	409.6W	819.2W	1.638kW
	160.0V	25.60W	51.20W	102.4W	204.8W	409.6W	819.2W	1.638kW	3.276kW
	320.0V	51.20W	102.4W	204.8W	409.6W	819.2W	1.638kW	3.276kW	6.553kW
	640.0V	102.4W	204.8W	409.6W	819.2W	1.638kW	3.276kW	6.553kW	13.10kW
	测量形式	True rms							
	准确度（在23℃±5℃）正弦波	±0.2% 读值，±0.2% 档位							

功率因数测量	量测范围	0.001 ~ 1.000
	计算方式	瓦特（W）÷（电压（V）×电流（A））=功率因数（PF）
频率测量	量测范围	40.0 ~ 400.0Hz
	准确度（在23℃±5℃）	±0.2% 读值

第六章　实验设备介绍

电路实验设备

此类实验设备是将实际的电器安装在一块面板上，面板表面标有其电器符号。在面板的后面已经将电器的端子与面板的电器符号对应连接起来了，在实验时只需将导线插入对应的电器符号插孔内，就可连接成所需的电路。各类实验设备如图 6-1 所示。

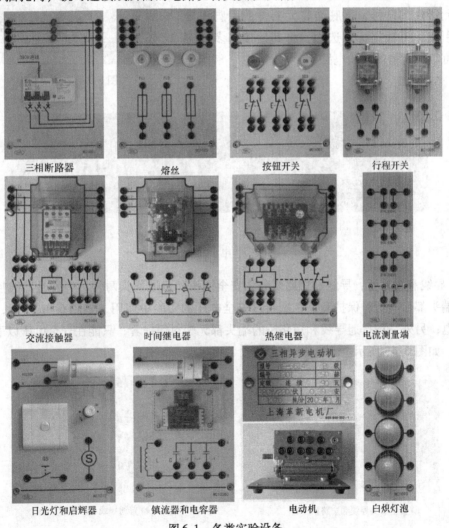

三相断路器	熔丝	按钮开关	行程开关
交流接触器	时间继电器	热继电器	电流测量端
日光灯和启辉器	镇流器和电容器	电动机	白炽灯泡

图 6-1　各类实验设备

模拟电子实验设备

1）多孔实验板：如图 6-2 所示，板上设计有许多插孔，板的表面用线条连接在一起的插孔在板的内部是用铜片连接在一起的，利用这些插孔将元器件和导线等插入插孔可以连接成所需的电路。

2）电子元器件：如图 6-3 所示，此类元件是将不同的电子元器件焊装到透明的标准塑料壳内，因此可以清晰地看到里面元器件的形状及标识。上表面标有元器件的符号，下底面将元器件的引脚由导电插脚引出，可根据标识选用。将其插接到多孔实验板上可组成所需的实验电路。

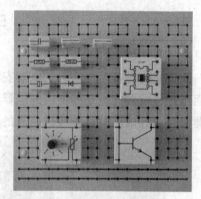

图 6-2　多孔实验板

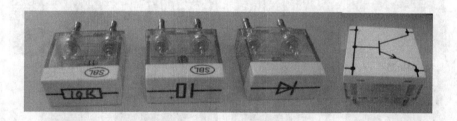

图 6-3　电子元器件

3）导线和短路桥：导线和短路桥分为安全插头和普通插头两种，一种是导线插头和短路桥的端头都带有塑料保护套，在做超过安全电压的实验中使用，如图 6-4a 所示，可防止意外触电；另外一种普通导线和短路桥的端头都无塑料保护套，只能在安全电压以下的实验中使用，如图 6-4b 所示。

a) 安全插头导线和短路桥

b) 普通导线和短路桥

图 6-4　导线和短路桥

数字电子实验设备

　　数字电子实验设备是一个多功能的实验箱，其上面设计安装了许多标准的集成电路 IC 插座，为了便于实验连线操作，每个 IC 插座的引脚都对应用小插孔引出，如图 6-5 所示。实验时可根据实验的内容来选择集成电路芯片，将其安装在 IC 插座上，然后再用专用导线连接 IC 周围的对应小插孔，就可构成所需的实验电路。

　　实验箱上提供了 +5V、+12V、-12V 等常用电源，还配有高低电平设定开关、高低电平指示灯、1Hz 脉冲源、1kHz 脉冲源、可调脉冲源、译码驱动器及 LED 数码显示器等。

图 6-5　数字电子实验箱

附　　录

附录1　实验报告的撰写

实验报告是整个实验不可缺少的一个重要环节，实验报告没有撰写完成，就意味着实验没有结束。在工程上实验报告是产品设计及改进的重要参考依据，在有些特殊情况下它将用来作为法律文件。实验报告的撰写有许多方法，但都有其共同的组成部分。一份规范的实验报告通常必须要包含以下内容：

（1）有实验标题。

（2）陈述实验目的。

（3）有清晰的实验电路图，包括实验电路图中的元器件参数。元器件参数也可以用元器件表的形式列出。

（4）应该对实验电路原理进行详细地说明，其中还应包括必要的理论计算，并将实测值与理论值进行比较，分析产生误差的原因。

（5）必须要陈述实验方法，包括实验电路与实验仪器连接方式，因为这可以用来事后判断实验方法的正确与否。

（6）必须将所有测量数据及观察到的波形准确清晰地记录下来，数据最好是以表格的形式记录，表格栏目应设计合理，清晰易懂，还要把数据计量单位明确标明。

（7）必须要列出实验所用的仪器设备，包括仪器设备的型号和编号，这是十分重要的，往往被忽略。实验所用仪器设备的记录可为测试中所用精确度达不到要求的设备，或是有故障的仪器设备提供查找依据。

（8）必须要有结论性的陈述，以便对实验结果进行总结。

附录2　实验报告（模板）

学生姓名：_____班级：_____学号：_____；

同组学生姓名：_____班级：_____学号：_____

1. 实验项目名称：

2. 实验目的：

3. 实验内容：

4. 实验原理：

5. 实验电路图：（注：包括实验电路图中的元器件参数或元件表）

6. 使用仪器设备：（注：要记录仪器设备名称、型号、编号）

7. 实验步骤：（注：实验操作方法及实验过程，包括实验电路与实验仪器连接方式等）

8. 实验记录：（注：记录测量数据及观察到的波形，数据最好是以表格的形式记录）

9. 实验分析：（注：对实验电路原理进行说明，包括必要的理论计算，并将实测值与理论值进行比较，分析产生误差的原因）

10. 实验结论：（注：实验结果的总结性陈述）

附录3　电阻器、电容器、电感器简介

1. 几种电阻器

（1）色环电阻器

电阻器用符号 R 表示，它的基本单位有欧姆（Ω）、千欧姆（kΩ）和兆欧姆（MΩ），它们的关系是 $1MΩ = 10^3\,kΩ = 10^6\,Ω$。电阻器是应用最广泛的电子元件，几乎所有的电子产品中都要使用电阻器，普通色环电阻器如附图 3-1 所示。

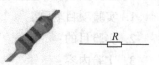

附图 3-1　色环电阻器

色环电阻器是以电阻表面的色环表示其标称值，其每道色环都代表着不同的含义，最常见的四环和五环电阻的数值可按照附图 3-2 的规则读取。

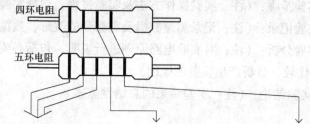

四环电阻

五环电阻

颜色	代表数字	代表乘数	代表误差
棕色	1	10^1	±1%
红色	2	10^2	±2%
橙色	3	10^3	
黄色	4	10^4	
绿色	5	10^5	±0.5%
蓝色	6	10^6	±0.25%
紫色	7	10^7	±0.10%
灰色	8	10^8	
白色	9	10^9	
黑色	0	10^0	
金色		10^{-1}	±5%
银色		10^{-2}	±10%
无色			±20%

附图 3-2　色环电阻器的数值读取规则

例如：

附图 3-3 中的四环电阻表示的电阻值为 6800Ω＝6.8kΩ，误差是 ±5%。

附图 3-4 中的五环电阻表示的电阻值为 27Ω，误差是 ±0.5%。

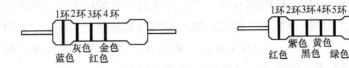

附图 3-3　四环电阻举例　　　　附图 3-4　五环电阻举例

通用电阻器的三个阻值系列见附表 3-1，目前最常用的是 E24 系列电阻器。

附表 3-1　电阻器的三个阻值系列

Ⅰ级精度（±5%）的阻值系列：E24系列	1.0　1.1　1.2　1.3　1.5　1.6　1.8　2.0　2.2　2.4　2.7　3.0 3.3　3.6　3.9　4.3　4.7　5.1　5.6　6.2　6.8　7.5　8.2　9.1
Ⅱ级精度（±10%）的阻值系列：E12系列	1.0　1.2　1.5　1.8　2.2　2.7　3.3　3.9　4.7　5.6　6.8　8.2
Ⅲ级精度（±20%）的阻值系列：E6系列	1.0　1.5　2.2　3.3　4.7　6.8

（2）热敏电阻器

热敏电阻器用符号 R_T 表示。热敏电阻器是一种敏感元件，属于半导体器件，其特点是对温度敏感，外界环境温度变化时，其阻值会相应发生较大改变，附图 3-5 为热敏电阻器和符号。

按照温度系数不同，热敏电阻器分为正温度系数热敏电阻器（PTC）和负温度系数热敏电阻器（NTC），它们在不同的温度变化时表现出不同的电阻值变化规律。正温度系数热敏电阻器在温度越高时电阻值越大，负温度系数热敏电阻器在温度越高时电阻值越小，热敏电阻器主要用在测量温度的场合。

（3）光敏电阻器

光敏电阻器用符号 R_G 表示。光敏电阻器属半导体光敏器件，对光线敏感。光敏电阻常用的制造材料有硫化镉、硫化铝、硫化铅和硫化铋等，这些制作材料具有在特定波长的光照下其阻值迅速减小的特性，这是由于光照产生的载流子都参与导电，在外加电场的作用下作漂移运动，电子奔向电源的正极，空穴奔向电源的负极，从而使光敏电阻器的阻值迅速下降。光敏电阻器常被用在自动检测光的场合，附图 3-6 是光敏电阻器和符号。

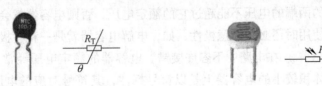

附图 3-5　热敏电阻器和符号　　　　附图 3-6　光敏电阻器和符号

2. 电容器

电容器用符号 C 表示，它的基本单位有法拉（F）、微法（μF）、纳法（nF）和皮法（pF）（又称微微法），它们的关系是 $1F = 10^6 \mu F = 10^9 nF = 10^{12} pF$。

电子产品中需要用到各种各样的电容器，它们在电路中分别起着不同的作用。电容器是一种储能元件，尽管电容器品种繁多，但它们的基本结构和原理是相同的。两片相距很近的金属之间被某种绝缘物质（固体、气体或液体）所隔开，就构成了电容器，两片金属称为极板，中间的物质叫做介质。附图 3-7 是几种电容器和符号。

附图 3-7 电容器和符号

在电子电路中，电容器只能通过交流电，不能通过直流电，在电路中起着"通交流，隔直流"的作用。

电容器的电容量标称值根据电容器的体积大小采用直读法和代码标识法两种方法进行标注。

1）直读法在体积较大的电容器上采用，其电容量标称值可直接根据器件上所标志的数值读出。

2）代码标识法大多用在体积较小的电容器上。由于体积较小的电容器能容纳的符号大小和数量有限，因此有些符号要省略掉。用代码的方式表示电容量标称值，其代码标识方法如附图 3-8 所示，附表 3-2 是电容器代码标识容量。

附图 3-8 电容器代码标识

附表 3-2 电容器代码标识容量

单位 \ 代码标识	101	102	103	104	105
pF	100	1000			
nF	0.1	1	10	100	
μF			0.01	0.1	1

电容器在选用时不但只是选择容量大小，同时还涉及多方面的问题，首先是耐压的问题。加在一个电容器的两端的电压不能超过它的额定电压，否则电容器就会被击穿损坏。另外，有极性的电容在使用时还必须注意极性，如，电解电容器就是一种有极性的电容器，它的正极（＋）和负极（－）在电路中不容许接错。电容器的额定电压经常直接标注在体积较大的电容器上，在体积较小的电容器上是以符号标注，其符号对应的电压值见附表 3-3。电容器误差符号见附表 3-4。

3. 电感器

电感器用符号 L 表示，它的基本单位是亨（H），常用的单位是毫亨（mH）。电感器在电子电路中是一种重要的元件，它和电容器一样，是一种储能元件，它能把电能转变为磁场能，并在磁场中储存能量。如附图 3-9 所示为电感器和符号。

附表 3-3　电容器的额定电压符号

符号	额定电压/V	符号	额定电压/V	符号	额定电压/V	符号	额定电压/V
1E	25	2A	100	3A	1000	4A	10000
1H	50	2B	125	3B	1250	4B	12500
1J	63	2C	160	3C	1600		
		2D	200	3D	2000		
		2E	250	3E	2500		
		2G	400	3G	4000		
		2H	500	3H	5000		
		2J	630	3J	6300		
		2K	800	3K	8000		

附表 3-4　电容器的误差符号

符号	C	D	F	G	J	K	M	X
误差/%	±0.25	±0.5	±1	±2	±5	±10	±20	+40 −20

附图 3-9　电感器和符号

　　电感器经常和电容器一起工作，构成 LC 滤波器、LC 振荡器等。电感器的特性恰恰与电容器的特性相反，它具有阻止交流电通过而让直流电通过的特性。

　　电感器的技术指标主要包括：电感量 L，品质因数 Q，自谐频率 f，直流电阻 R_{DC}，额定电流 I 等。

　　电感器的文字符号标示法：按一定的规律组合标志在电感体上，采用这种标示方法的通常是一些小功率电感器，其单位通常为 nH 或 μH，用 N 或 R 代表小数点。

　　例如：

4N7 表示电感量为　4.7nH

47N 表示电感量为　47nH

4R7 表示电感量为　4.7μH

6R8 表示电感量为　6.8μH

　　电感器的色标法：是在电感器表面涂上不同的色环来代表电感量，与电阻色环法类似，通常用四色环表示，紧靠电感体一端的色环为第一环，距离电感体另一端较远的为末环。其第一色环是十位数，第二色环为个位数，第三色环为应乘的倍数（单位为 μH），第四色环为误差率。

　　例如：色环颜色分别为棕、黑、金、金电感器的电感量为 1μH，误差为 ±5%。

附录4 贴片电阻

目前贴片电阻已经被广泛地应用在各种电子产品中，其特点是体积小、重量轻，能有效减小电子产品的体积。应用贴片元件制造的电子产品相对插接元件制造的产品其体积可以缩小50%左右。

（1）贴片电阻尺寸

附图4-1为贴片电阻外形尺寸图。贴片电阻的封装及尺寸见附表4-1。

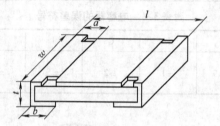

附图4-1　贴片电阻外形尺寸

附表4-1　贴片电阻的封装及尺寸

封装		尺寸				
英制 mil	公制 mm	长（l）/mm	宽（w）/mm	高（t）/mm	a/mm	b/mm
0201	0603	0.60±0.05	0.30±0.05	0.23±0.05	0.10±0.05	0.15±0.05
0402	1005	1.00±0.10	0.50±0.10	0.30±0.10	0.20±0.10	0.25±0.10
0603	1608	1.60±0.15	0.80±0.15	0.40±0.10	0.30±0.20	0.30±0.20
0805	2012	2.00±0.20	1.25±0.15	0.50±0.20	0.40±0.20	0.40±0.20
1206	3216	3.20±0.20	1.60±0.15	0.55±0.20	0.50±0.20	0.50±0.20
1210	3225	3.20±0.20	2.50±0.20	0.55±0.20	0.50±0.20	0.50±0.20
1812	4832	4.50±0.20	3.20±0.20	0.55±0.20	0.50±0.20	0.50±0.20
2010	5025	5.00±0.20	2.50±0.20	0.55±0.20	0.60±0.20	0.60±0.20
2512	6432	6.40±0.20	3.20±0.20	0.55±0.20	0.60±0.20	0.60±0.20

（2）贴片电阻的功率及最高工作电压

一般情况下，贴片电阻的功率及最高工作电压和其体积大小有关。贴片电阻的功率及最高工作电压见附表4-2。

附表4-2　贴片电阻的功率及最高工作电压

电阻封装	0402	0603	0805	1206	1210	1812	2010	2512
功率	1/16W	1/10W	1/8W	1/4W	1/3W	1/2W	3/4W	1W
最高工作电压	50V		150V		200V			

（3）E96系列电阻数字代码与字母混合标法

数字代码与字母混合标称法是采用三位法标明电阻阻值，即"两位数字加一位字母"，其中前两位数字表示的是 E96 系列电阻代码，见附表4-3；第三位是用字母代码表示的倍率，见附表4-4。例如："51D"表示"332×10^3 即 332kΩ"；"39Y"表示"249×10^{-2} 即 2.49Ω"。

附表 4-3　E96 系列电阻代码表

代码	01	02	03	04	05	06	07	08	09	10
阻值	100	102	105	107	110	113	115	118	121	124
代码	11	12	13	14	15	16	17	18	19	20
阻值	127	130	133	137	140	143	147	150	165	158
代码	21	22	23	24	25	26	27	28	29	30
阻值	162	165	169	174	178	182	187	191	196	200
代码	31	32	33	34	35	36	37	38	39	40
阻值	205	210	215	221	226	232	237	243	249	255
代码	41	42	43	44	45	46	47	48	49	50
阻值	261	267	274	280	287	294	301	309	316	324
代码	51	52	53	54	55	56	57	58	59	60
阻值	332	340	348	357	365	374	383	392	402	412
代码	61	62	63	64	65	66	67	68	69	70
阻值	422	432	442	453	464	475	487	499	511	523
代码	71	72	73	74	75	76	77	78	79	80
阻值	536	549	562	576	590	604	619	634	649	665
代码	81	82	83	84	85	86	87	88	89	90
阻值	681	698	715	732	750	768	787	806	825	845
代码	91	92	93	94	95	96				
阻值	866	887	908	931	953	976				

附表 4-4　E96 系列倍率代码表

代码	A	B	C	D	E	F	G	H	X	Y	Z
倍率	10^0	10^1	10^2	10^3	10^4	10^5	10^6	10^7	10^{-1}	10^{-2}	10^{-3}

（4）常用贴片电阻阻值速查表

贴片电阻上的代码一般标为 3 位数或 4 位数，3 位数精度为 ±5%，4 位数的精度为 ±1%。它的第一位和第二位（及第三位）为有效数字，第三位（及第四位）表示在有效数字后面所加"0"的个数；如果是小数，则用"R"表示"小数点"，并占用一位有效数字，其余两位是有效数字。下面列出了常用的 ±5% 和 ±1% 精度贴片电阻的标称值和换算值。

附表 4-5　代码为 3 位数，精度 ±5% 的电阻阻值表（表中"="前为数字代码，"="后为电阻阻值）

1R1 = 0.1Ω	R22 = 0.22Ω	R33 = 0.33Ω	R47 = 0.47Ω	R68 = 0.68Ω	R82 = 0.82Ω
1R0 = 1Ω	1R2 = 1.2Ω	2R2 = 2.2Ω	3R3 = 3.3Ω	4R7 = 4.7Ω	5R6 = 5.6Ω
6R8 = 6.8Ω	8R2 = 8.2Ω				
100 = 10Ω	120 = 12Ω	150 = 15Ω	180 = 18Ω	220 = 22Ω	270 = 27Ω

（续）

$330 = 33\Omega$	$390 = 39\Omega$	$470 = 47\Omega$	$560 = 56\Omega$	$680 = 68\Omega$	$820 = 82\Omega$
$101 = 100\Omega$	$121 = 120\Omega$	$151 = 150\Omega$	$181 = 180\Omega$	$221 = 220\Omega$	$271 = 270\Omega$
$331 = 330\Omega$	$391 = 390\Omega$	$471 = 470\Omega$	$561 = 560\Omega$	$681 = 680\Omega$	$821 = 820\Omega$
$102 = 1k\Omega$	$122 = 1.2k\Omega$	$152 = 1.5k\Omega$	$182 = 1.8k\Omega$	$222 = 2.2k\Omega$	$272 = 2.7k\Omega$
$332 = 3.3k\Omega$	$392 = 3.9k\Omega$	$472 = 4.7k\Omega$	$562 = 5.6k\Omega$	$682 = 6.8k\Omega$	$822 = 8.2k\Omega$
$103 = 10k\Omega$	$123 = 12k\Omega$	$153 = 15k\Omega$	$183 = 18k\Omega$	$223 = 22k\Omega$	$273 = 27k\Omega$
$333 = 33k\Omega$	$393 = 39k\Omega$	$473 = 47k\Omega$	$563 = 56k\Omega$	$683 = 68k\Omega$	$823 = 82k\Omega$
$104 = 100k\Omega$	$124 = 120k\Omega$	$154 = 150k\Omega$	$184 = 180k\Omega$	$224 = 220k\Omega$	$274 = 270k\Omega$
$334 = 330k\Omega$	$394 = 390k\Omega$	$474 = 470k\Omega$	$564 = 560k\Omega$	$684 = 680k\Omega$	$824 = 820k\Omega$
$105 = 1M\Omega$	$125 = 1.2M\Omega$	$155 = 1.5M\Omega$	$185 = 1.8M\Omega$	$225 = 2.2M\Omega$	$275 = 2.7M\Omega$
$335 = 3.3M\Omega$	$395 = 3.9M\Omega$	$475 = 4.7M\Omega$	$565 = 5.6M\Omega$	$685 = 6.8M\Omega$	$825 = 8.2M\Omega$
$106 = 10M\Omega$					

附表 4-6　代码为 4 位数，精度 ±1% 的电阻阻值（表中"="前为数字代码，"="后为电阻阻值）

$0000 = 0\Omega$	$00R1 = 0.1\Omega$	$0R22 = 0.22\Omega$	$0R47 = 0.47\Omega$	$0R68 = 0.68\Omega$	$0R82 = 0.82\Omega$
$1R00 = 1\Omega$	$1R20 = 1.2\Omega$	$2R20 = 2.2\Omega$	$3R30 = 3.3\Omega$	$6R80 = 6.8\Omega$	$8R20 = 8.2\Omega$
$10R0 = 10\Omega$	$11R0 = 11\Omega$	$12R0 = 12\Omega$	$13R0 = 13\Omega$	$15R0 = 15\Omega$	$16R0 = 16\Omega$
$18R0 = 18\Omega$	$20R0 = 20\Omega$	$24R0 = 24\Omega$	$27R0 = 27\Omega$	$30R0 = 30\Omega$	$33R0 = 33\Omega$
$36R0 = 36\Omega$	$39R0 = 39\Omega$	$43R0 = 43\Omega$	$47R0 = 47\Omega$	$51R0 = 51\Omega$	$56R0 = 56\Omega$
$62R0 = 62\Omega$	$68R0 = 68\Omega$	$75R0 = 75\Omega$	$82R0 = 82\Omega$	$91R0 = 91\Omega$	
$1000 = 100\Omega$	$1100 = 110\Omega$	$1200 = 120\Omega$	$1300 = 130\Omega$	$1500 = 150\Omega$	$1600 = 160\Omega$
$1800 = 180\Omega$	$2000 = 200\Omega$	$2200 = 220\Omega$	$2400 = 240\Omega$	$2700 = 270\Omega$	$3000 = 300\Omega$
$3300 = 330\Omega$	$3600 = 360\Omega$	$3900 = 390\Omega$	$4300 = 430\Omega$	$4700 = 470\Omega$	$5100 = 510\Omega$
$5600 = 560\Omega$	$6200 = 620\Omega$	$6800 = 680\Omega$	$7500 = 750\Omega$	$8200 = 820\Omega$	$9100 = 910\Omega$
$1001 = 1k\Omega$	$1101 = 1.1k\Omega$	$1201 = 1.2k\Omega$	$1301 = 1.3k\Omega$	$1501 = 1.5k\Omega$	$5601 = 5.6k\Omega$
$6201 = 6.2k\Omega$	$6801 = 6.8k\Omega$	$7501 = 7.5k\Omega$	$8201 = 8.2k\Omega$	$9101 = 9.1k\Omega$	$1002 = 10k\Omega$
$1102 = 11k\Omega$	$1202 = 12k\Omega$	$1302 = 13k\Omega$	$1502 = 15k\Omega$	$1602 = 16k\Omega$	$1802 = 18k\Omega$
$2002 = 20k\Omega$	$2202 = 22k\Omega$	$2402 = 24k\Omega$	$3002 = 30k\Omega$	$3303 = 33k\Omega$	$3602 = 36k\Omega$
$3902 = 39k\Omega$	$4302 = 43k\Omega$	$4702 = 47k\Omega$	$5102 = 51k\Omega$	$5602 = 56k\Omega$	$6202 = 62k\Omega$
$6802 = 68k\Omega$	$7502 = 75k\Omega$	$8202 = 82k\Omega$	$9102 = 91k\Omega$		
$1003 = 100k\Omega$	$1103 = 110k\Omega$	$1203 = 120k\Omega$	$1303 = 130k\Omega$	$1503 = 150k\Omega$	$1603 = 160k\Omega$
$1803 = 180k\Omega$	$2003 = 200k\Omega$	$2203 = 220k\Omega$	$2403 = 240k\Omega$	$2703 = 270k\Omega$	$3003 = 300k\Omega$
$3303 = 330k\Omega$	$3603 = 360k\Omega$	$3903 = 390k\Omega$	$4303 = 430k\Omega$	$4703 = 470k\Omega$	$5103 = 510k\Omega$
$5603 = 560k\Omega$	$6303 = 630k\Omega$	$6803 = 680k\Omega$	$7503 = 750k\Omega$	$8203 = 820k\Omega$	$9103 = 910k\Omega$
$1004 = 1M\Omega$	$1104 = 1.1M\Omega$	$1204 = 1.2M\Omega$	$1304 = 1.3M\Omega$	$1504 = 1.5M\Omega$	$1604 = 1.6M\Omega$
$1804 = 1.8M\Omega$	$2004 = 2M\Omega$	$2204 = 2.2M\Omega$	$2404 = 2.4M\Omega$	$2704 = 2.7M\Omega$	$3004 = 3M\Omega$
$3304 = 3.3M\Omega$	$3604 = 3.6M\Omega$	$3904 = 3.9M\Omega$	$4304 = 4.3M\Omega$	$4704 = 4.7M\Omega$	$5104 = 5.1M\Omega$
$5604 = 5.6M\Omega$	$6204 = 6.2M\Omega$	$6804 = 6.8M\Omega$	$7504 = 7.5M\Omega$	$8204 = 8.2M\Omega$	$9104 = 9.1M\Omega$
$1005 = 10M\Omega$					

附录5　二极管与晶体管、整流桥、LED 数码管

1. 二极管与晶体管

（1）二极管（整流二极管）

二极管的种类繁多，对于整流二极管一般情况外形体积越大，其额定正向整流电流也越大。选用时应该充分考虑最高反向峰值电压和额定正向整流电流，应留有足够大的余量。附图 5-1 是几种整流二极管外形和符号，1N4000 系列整流二极管参数见附表 5-1。

附图 5-1　整流二极管符号和外形

附表 5-1　1N4000 系列整流二极管参数表

型号	最高反向峰值电压/V	额定正向整流电流/A	正向电压降平均值/V	反向漏电流/μA
1N4001	50	1	1.0	5
1N4002	100	1	1.0	5
1N4003	200	1	1.0	5
1N4004	400	1	1.0	5
1N4005	600	1	1.0	5
1N4006	800	1	1.0	5
1N4007	1000	1	1.0	5
1N4007A	1300	1	1.0	5
1N5400	50	3	0.95	5
1N5401	100	3	0.95	5
1N5402	200	3	0.95	5

（2）晶体管

晶体管是一种电流控制电流的半导体器件，是电子电路的核心器件，其作用是把微弱信号放大成辐值较大的电信号，也常用作无触点开关。晶体管的种类繁多，应用十分广泛，使用时应考虑多种因素，如工作电压、工作频率、安装环境等。附图 5-2 是晶体管的符号和几种晶体管的外形图。

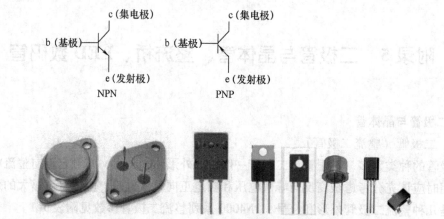

附图5-2 晶体管的符号和几种晶体管的外形图

附表5-2 中国半导体分立器件型号命名法

第一部分		第二部分		第三部分				第四部分	第五部分
用数字表示器件的电极数目		用字母表示器件材料和极性		用字母表示器件的类型				用字母表示器件的序号	用字母表示一种型号不同规格
符号	意义	符号	意义	符号	意义	符号	意义		
2	二极管	A	N 型，锗材料	P	普通管	D	低频大功率管		
		B	P 型，锗材料	V	微波管	A	高频小功率管		
		C	N 型，硅材料	W	稳压管	T	场效应器件		
		D	P 型，硅材料	C	参量管	B	雪崩管		
3	三极管	A	PNP 型，锗材料	Z	整流管	J	阶跃恢复管		
		B	NPN 型，锗材料	L	整流堆	CS	声效应器件		
		C	PNP 型，硅材料	S	隧道管	BT	半导体特殊器件		
		D	NPN 型，硅材料	N	阻尼管	FH	复合管		
		E	化合物材料	U	光电器件	PIN	PIN 型管		
				X	低频小功率管	JG	激光器件		
				G	高频小功率管				

例如：

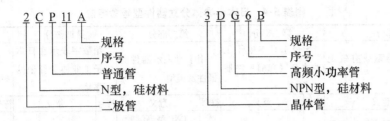

附表 5-3　欧洲半导体分立器件型号命名法

第一部分		第二部分				第三部分		第四部分	
用字母表示器件的材料		用字母表示器件的类型和特征				用数字或字母加数字表示登记号		用字母对器件分档	
符号	意义	符号	意义	符号	意义	符号	意义	符号	意义
A	锗材料	A	开关二极管、检波二极管、混频二极管	M	封闭磁路中的霍尔元件	三位数字	代表通用半导体器件登记序号	ABCDE	代表同一型号半导体器件按某一参数进行分档
B	硅材料	B	变容二极管	P	光敏器件				
C	砷化镓材料	C	低频小功率晶体管	Q	发光器件				
D	锑化铟材料	D	低频大功率晶体管	R	小功率晶闸管				
R	复合材料	E	隧道二极管	S	小功率开关管				
		F	高频小功率管	T	大功率晶闸管	一个字母两个数字	代表专用半导体器件登记序号		
		G	复合器件及其他器件	U	大功率开关管				
		H	磁敏二极管	X	倍增二极管				
		K	开放磁路中的霍尔元件	Y	整流二极管				
		L	高频大功率晶体管	Z	稳压二极管				

例如：

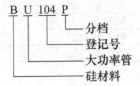

附表 5-4　日本半导体分立器件型号命名法

第一部分		第二部分		第三部分		第四部分		第五部分	
用数字表示类型或有效电极数		S 表示日本电子工业协会（EIAJ）注册产品		用字母表示器件的极性及类型		用数字表示在日本电子工业协会登记的顺序号		用字母表示对原来型号的改进产品	
符号	意义	符号	意义	符号	意义	符号	意义	符号	意义
0	光电（即光敏）二极管、晶体管及其组合管	S	表示已在日本电子工业协会（EIAJ）注册登记的半导体分立器件	A	PNP 型高频管	多位整数数字	从"11"开始，表示在日本电子工业协会注册登记的顺序号；不同公司的性能相同的器件可以使用同一顺序号	AB CD EF	用字母表示对原来型号的改进产品
1	二极管			B	PNP 型低频管				
				C	NPN 型高频管				
2	三极管或具有两个 PN 结的其他晶体管			D	NPN 型低频管				
				F	P 控制极晶闸管				
3	具有四个有效电极或具有三个 PN 结的晶体管			G	N 控制极晶闸管				
				H	N 基极单结晶体管				
...				J	N 沟道场效应管				
n-1	具有 n 个有效电极或具有 n-1 个 PN 结的晶体管			K	P 沟道场效应管				
				M	N 双向晶闸管				

例如：

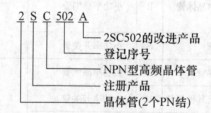

2 S C 502 A
- 2SC502的改进产品
- 登记序号
- NPN型高频晶体管
- 注册产品
- 晶体管(2个PN结)

附表 5-5　JE9000 系列常用部分晶体管参数

型号	材料与极性	极限参数					直流参数		频率	互补对称管
		P_{CM}/W	I_{CM}/A	BV_{CBO}/V	BV_{CEO}/V	BV_{EBO}/V	I_{CBO}/nA	h_{FE}	f_T/MHz	
9011	硅 NPN	0.4	0.03	50	30	5	100	28～198	370	
9012	硅 PNP	0.625	-0.5	-40	-20	5	-100	64～202		9013
9013	硅 NPN	0.625	0.5	40	20	5	100	64～202		9012
9014	硅 NPN	0.625	0.1	50	45	5	50	60～1000	270	9015
9015	硅 PNP	0.45	-0.1	-50	-45	-5	-50	60～600	190	9014
9016	硅 NPN	0.4	0.025	30	20	4	100	28～198	620	
9018	硅 NPN	0.4	0.05	30	15	5	50	28～198	1100	
8050	硅 NPN	1	1.5	40	25	6	100	85～300	190	8550
8550	硅 PNP	1	-1.5	-40	-25	-6	-100	60～300	200	8050

2. 整流桥

整流桥分为全桥和半桥。全桥是将连接好的四个二极管封在一起构成桥式整流器；半桥是将两个二极管连接封在一起。用两个半桥也可组成一个全桥式整流器。附图 5-3 是全整流桥器件的几种外形封装形式及符号，在使用时需按照器件标记"～、+、-"连接线路，不可接错。

附图 5-3　几种全整流桥外形封装形式及符号

整流桥根据整流电流及耐压值（最高反向电压）有多种规格，选择整流桥要考虑整流电流和工作电压。一般来说整流桥的体积越大，其额定电流也越大，在大电流整流时，整流桥发热是不可以忽略的问题，必要时需要加配套的散热器，因此，选用时还要注意其安装形式，应留有足够的安装空间。

3. LED 数码管

LED 数码管是目前最常使用的数字显示器，种类也很多，其产品的区别主要在尺寸大小、发光颜色上。根据位数的不同有一位和多位，可以根据使用场合的要求选择合适的数码管。LED 数码管如附图 5-4 所示。

附图 5-4　几种 LED 数码管

8 只 LED 发光二极管按照数码显示器的字形可组成一位数字，其中 7 只构成"8"的字形，另外一只是小数点。使用时按照规定使不同字段上的发光二极管点亮，即可形成需要的数字。

对于单个数码管引脚排列来说，从它的正面看，左下角的引脚为 1 引脚，以逆时针方向依次为 1 ~ 10 引脚，左上角的引脚便是 10 引脚，其中 3 引脚和 8 引脚是连通的，这两个引脚是公共引脚，如附图 5-5a 所示。

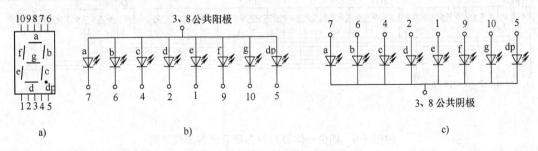

附图 5-5　单个数码管引脚排列

LED 数码管内部发光二极管有两种连接形式。一种是共阳极的连接形式。就是把 8 只发光二极管的阳极全部连接在一起，如附图 5-5b 所示，在使用时公共阳极应接到电路的高电位端（如电源正极），当控制电路使某些发光二极管的阴极呈低电平时，其发光二极管被点亮，即可形成字形；另一种是共阴极的连接形式，就是把 8 只发光二极管的阴极全部连接在一起，如附图 5-5c 所示，在使用时公共阴极应接到电路的低电位端（如地端），当控制电路使某些发光二极管的阳极呈高电平时，其发光二极管被点亮，即可形成字形。

小型的 LED 显示器一般可用集成电路直接驱动，根据显示器颜色的不同，每只发光二极管的正向压降会有所不同，通常在 1.5～3.5V 之间，工作电流一般在 10mA 左右。在尺寸比较大的数码显示器中，为了确保每个字段有足够的亮度，每个字段还要设计安装多个发光二极管，这个工作是由生产厂家来做，使用者在使用时需要设计驱动能力更大的驱动器。

另外，使用集成电路七段译码/驱动器来驱动数码显示器时，小数点是不受译码/驱动器控制的，需要另外由电路控制小数点。

附图 5-6 是一种四位一体的 LED 数码显示器产品的内部线路图。附图 5-6a 是器件的外形图，附图 5-6b 是共阳极数码管，附图 5-6c 是共阴极数码管，此类数码管需以动态扫描方式工作。

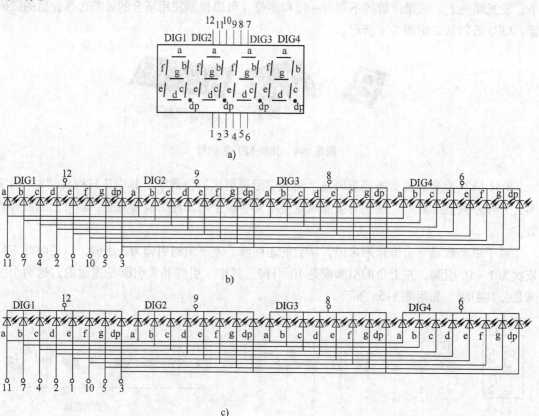

附图 5-6　四位一体的 LED 数码管的内部线路图

附录6　门电路逻辑符号表

名称	符号	逻辑关系	芯片型号（例）
与门	A B —&— Y	$Y = AB$	74LS08
与非门	A B —&— Y	$Y = \overline{AB}$	74LS00
或门	A B —≥1— Y	$Y = A + B$	74LS32
或非门	A B —≥1— Y	$Y = \overline{A + B}$	74LS02
异或门	A B —=1— Y	$Y = A \oplus B$	74LS86
异或非门（同或门）	A B —=1— Y	$Y = \overline{A \oplus B}$	74LS266
非门	A —1— Y	$Y = \overline{A}$	74LS04
施密特非门	A —⎍— Y	$Y = \overline{A}$	74LS14
三态门	A $\overline{E}$ —1▽— Y	$\overline{E} = 0$　$Y = A$ $\overline{E} = 1$　高阻	74LS125

附录7　集成电路芯片资料

TTL 数字集成电路符号的简要说明：

U_{CC}：+5V，即 5V 直流电源的正极。

GND：地，即 5V 直流电源的负极。

NC：空脚，集成电路内部无连接线。

↓：从高电平到低电平变化。

↑：从低电平到高电平变化。

正逻辑：用"1"表示高电平状态，用"0"表示低电平状态。

负逻辑：用"0"表示高电平状态，用"1"表示低电平状态。

⊓：正脉冲。

⊔：负脉冲。

⎯▷CP：上升沿触发

⎯o▷CP：下降沿触发

1. 74LS00　2 输入四与非门

$Y = \overline{AB}$

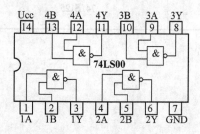

真值表

输入		输出
B	A	Y
0	0	1
0	1	1
1	0	1
1	1	0

2. 74LS04　六反相器

$Y = \overline{A}$

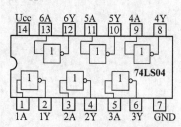

真值表

输入	输出
A	Y
0	1
1	0

3. 74LS08 2 输入四与门

$$Y = AB$$

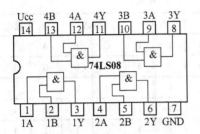

真值表

输入		输出
B	A	Y
0	0	0
0	1	0
1	0	0
1	1	1

4. 74LS10 3 输入三与非门

$$Y = \overline{ABC}$$

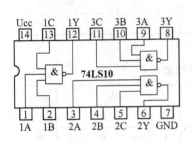

真值表

输入			输 出
C	B	A	Y
0	0	0	1
0	0	1	1
0	1	0	1
0	1	1	1
1	0	0	1
1	0	1	1
1	1	0	1
1	1	1	0

5. 74LS13 4 输入双与非门（施密特触发）

$$Y = \overline{ABCD}$$

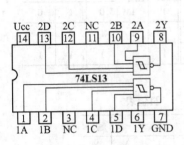

真值表

输入				输出	输入				输出
D	C	B	A	Y	D	C	B	A	Y
0	0	0	0	1	1	0	0	0	1
0	0	0	1	1	1	0	0	1	1
0	0	1	0	1	1	0	1	0	1
0	0	1	1	1	1	0	1	1	1
0	1	0	0	1	1	1	0	0	1
0	1	0	1	1	1	1	0	1	1
0	1	1	0	1	1	1	1	0	1
0	1	1	1	1	1	1	1	1	0

6. 74LS14 六反相器（施密特触发）

$$Y = \overline{A}$$

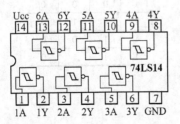

真值表

输入	输出
A	Y
0	1
1	0

7. 74LS20 4 输入双与非门

$$Y = \overline{ABCD}$$

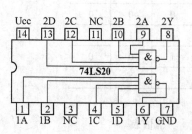

真值表

输入				输出	输入				输出
D	C	B	A	Y	D	C	B	A	Y
0	0	0	0	1	1	0	0	0	1
0	0	0	1	1	1	0	0	1	1
0	0	1	0	1	1	0	1	0	1
0	0	1	1	1	1	0	1	1	1
0	1	0	0	1	1	1	0	0	1
0	1	0	1	1	1	1	0	1	1
0	1	1	0	1	1	1	1	0	1
0	1	1	1	1	1	1	1	1	0

8. 74LS21 4 输入双与门

$$Y = ABCD$$

真值表

输入				输出	输入				输出
D	C	B	A	Y	D	C	B	A	Y
0	0	0	0	0	1	0	0	0	0
0	0	0	1	0	1	0	0	1	0
0	0	1	0	0	1	0	1	0	0
0	0	1	1	0	1	0	1	1	0
0	1	0	0	0	1	1	0	0	0
0	1	0	1	0	1	1	0	1	0
0	1	1	0	0	1	1	1	0	0
0	1	1	1	0	1	1	1	1	1

9. 74LS27 3 输入三或非门

$$Y = \overline{A + B + C}$$

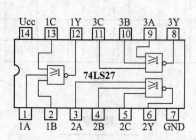

真值表

输入			输出
C	B	A	Y
0	0	0	1
0	0	1	0
0	1	0	0
0	1	1	0
1	0	0	0
1	0	1	0
1	1	0	0
1	1	1	0

10. 74LS30　8 输入与非门

$$Y = \overline{ABCDEFGH}$$

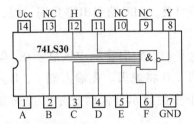

真值表（略）

11. 74LS32　2 输入四或门

$$Y = A + B$$

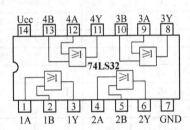

真值表

输入		输出
B	A	Y
0	0	0
0	1	1
1	0	1
1	1	1

12. 74LS47　BCD – 七段译码器/驱动器

该芯片是 BCD – 七段译码器/驱动器，可驱动小型的七段共阳极 LED 数码管，驱动的显示器字形如附图 7-1a 所示，前十个数字和十进制一样，而后六个数字从字形上不能直接看出，只利用了六个不同的状态笔画代替。它是集电极开路输出，在每一个字段输出端与数码管之间需接 $150 \sim 330\Omega$ 电阻。当数码管的尺寸较大时，就需要另外考虑驱动的问题。

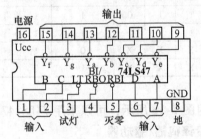

显示字形：

附图 7-1　七段译码器/驱动器驱动 LED 数码管显示字形

$\overline{LT}$：试灯输入端。$\overline{LT}$ 是为了检查数码管各段是否能正常发光而设置的。当其为低电平时，无论输入端 A、B、C、D 为何种状态，芯片的输出端（$Y_a \sim Y_g$）均为低电平，此时所驱动的共阳极 LED 数码管七段全部点亮，以此来判断是否有损坏的字段。

$\overline{\mathrm{BI}}/\overline{\mathrm{RBO}}$：是灭灯输入端/灭零输出端。$\overline{\mathrm{BI}}$端是为了控制多位数码显示的灭灯而设置的。当其为低电平时，无论$\overline{\mathrm{LT}}$端和输入端 A、B、C、D 为何种状态，芯片的输出端（$Y_a \sim Y_g$）均为高电平，此时所驱动的共阳极 LED 数码管七段全部熄灭。$\overline{\mathrm{RBO}}$端和$\overline{\mathrm{BI}}$端共用一端，两者配合使用，可以实现多位数码显示的灭零控制。

$\overline{\mathrm{RBI}}$：灭零输入端。在输入端 A、B、C、D 均为低电平时，数码管本应该显示 0，但在$\overline{\mathrm{RBI}}$端为低电平的作用下，芯片的全部输出端均为高电平，0 将熄灭。在输入端 A、B、C、D 不全为低电平时，则对显示无影响。该功能主要用于多位显示器同时显示时熄灭高位的零。

功能表

功能	输入						$\overline{\mathrm{BI}}/\overline{\mathrm{RBO}}$	输出						
	$\overline{\mathrm{LT}}$	$\overline{\mathrm{RBI}}$	D	C	B	A		Y_a	Y_b	Y_c	Y_d	Y_e	Y_f	Y_g
0	1	1	0	0	0	0	1	0	0	0	0	0	0	1
1	1	X	0	0	0	1	1	1	0	0	1	1	1	1
2	1	X	0	0	1	0	1	0	0	1	0	0	1	0
3	1	X	0	0	1	1	1	0	0	0	0	1	1	0
4	1	X	0	1	0	0	1	1	0	0	1	1	0	0
5	1	X	0	1	0	1	1	0	1	0	0	1	0	0
6	1	X	0	1	1	0	1	1	1	0	0	0	0	0
7	1	X	0	1	1	1	1	0	0	0	1	1	1	1
8	1	X	1	0	0	0	1	0	0	0	0	0	0	0
9	1	X	1	0	0	1	1	0	0	0	1	1	0	0
A	1	X	1	0	1	0	1	1	1	1	0	0	1	0
B	1	X	1	0	1	1	1	1	1	0	0	1	1	0
C	1	X	1	1	0	0	1	1	0	1	1	1	0	0
D	1	X	1	1	0	1	1	0	1	1	0	1	0	0
E	1	X	1	1	1	0	1	1	1	1	1	0	0	0
F	1	X	1	1	1	1	1	1	1	1	1	1	1	1
灭灯	X	X	X	X	X	X	0	1	1	1	1	1	1	1
试灯	0	X	X	X	X	X	1	0	0	0	0	0	0	0

注：X 表示任意状态。

若要使 6 和 9 的字形如附图 7-1b 所示，可以采用 74LS247 芯片，其他字形不变。

13. 74LS48　BCD–七段译码器/驱动器

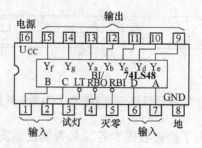

该芯片可驱动小型的共阴极 LED 数码管，其驱动的数码显示器字形与上面的 74LS47 相同，如附图 7-1 所示。

其$\overline{LT}$（试灯输入端）、$\overline{BI}/\overline{RBO}$（灭灯输入端/灭零输出端）、$\overline{RBO}$（灭零输入端）的功能参见 74LS47。

功能表

功能	输　　入						$\overline{BI}/\overline{RBO}$	输　　出						
	$\overline{LT}$	$\overline{RBI}$	D	C	B	A		Y_a	Y_b	Y_c	Y_d	Y_e	Y_f	Y_g
0	1	1	0	0	0	0	1	1	1	1	1	1	1	0
1	1	X	0	0	0	1	1	0	1	1	0	0	0	0
2	1	X	0	0	1	0	1	1	1	0	1	1	0	1
3	1	X	0	0	1	1	1	1	1	1	1	0	0	1
4	1	X	0	1	0	0	1	0	1	1	0	0	1	1
5	1	X	0	1	0	1	1	1	0	1	1	0	1	1
6	1	X	0	1	1	0	1	0	0	1	1	1	1	1
7	1	X	0	1	1	1	1	1	1	1	0	0	0	0
8	1	X	1	0	0	0	1	1	1	1	1	1	1	1
9	1	X	1	0	0	1	1	1	1	1	0	0	1	1
A	1	X	1	0	1	0	1	0	0	0	1	1	0	1
B	1	X	1	0	1	1	1	0	0	1	1	0	0	1
C	1	X	1	1	0	0	1	0	1	0	0	0	1	1
D	1	X	1	1	0	1	1	1	0	0	1	0	1	1
E	1	X	1	1	1	0	1	0	0	0	1	1	1	1
F	1	X	1	1	1	1	1	0	0	0	0	0	0	0
灭灯	X	X	X	X	X	X	0	0	0	0	0	0	0	0
试灯	0	X	X	X	X	X	1	1	1	1	1	1	1	1

注：X 表示任意状态。

若要使 6 和 9 的字形如附图 7-1b 所示，可以采用 74LS248 芯片，其他字形不变。

14. 74LS74　正沿触发双 D 型触发器（带预置端和清除端）

功能表

控制端		输　入		输　出		功能
$\overline{S}_D$	$\overline{R}_D$	CP	D	Q^n	Q^{n+1}	
0	1			X	1	异步置位
1	0	X	X	X	0	异步清零
0	0			X	Φ	不定
1	↑		0	0	0	置0
				1	0	
			1	0	1	置1
				1	1	

74LS74

注：1. X 表示任意状态。

2. Φ 表示不定状态。

3. ↑表示低电平到高电平跳变。

4. Q^n 表示现态。

5. Q^{n+1} 表示次态。

6. $\overline{S}_D$ 为置位（低有效）端。

7. $\overline{R}_D$ 为清零（低有效）端。

8. CP 为时钟脉冲端。

15. 74LS86 2 输入四异或门

$$Y = A \oplus B = \overline{A}B + A\overline{B}$$

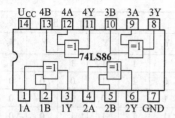

真值表

输入		输出
B	A	Y
0	0	0
0	1	1
1	0	1
1	1	0

16. 74LS90 十进制计数器

附图 7-2 是 74LS90 的内部结构图。

1）脉冲从 14 引脚输入，由 12 引脚输出时，为二进制。

2）脉冲从第 1 引脚输入，由 9、8、11 引脚输出时，为五进制。

3）将 12 引脚和 1 引脚连接，脉冲从 14 引脚输入，由 12、9、8、11 引脚输出时，为十进制计数器。

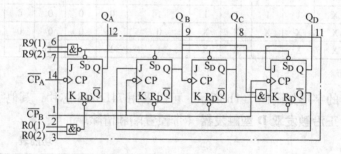

附图 7-2 74LS90 内部结构

模式选择表

输入（复位/设置）				输 出			
R0 (1)	R0 (2)	R9 (1)	R9 (2)	Q_D	Q_C	Q_B	Q_A
1	1	0	X	0	0	0	0
1	1	X	0	0	0	0	0
X	X	1	1	1	0	0	1
0	X	0	X				
X	0	X	0			计数	
0	X	X	0				
X	0	0	X				

注：X 表示任意状态。

计数时序表

计数	输　出				计数	输　出			
	Q_D	Q_C	Q_B	Q_A		Q_D	Q_C	Q_B	Q_A
0	0	0	0	0	5	0	1	0	1
1	0	0	0	1	6	0	1	1	0
2	0	0	1	0	7	0	1	1	1
3	0	0	1	1	8	1	0	0	0
4	0	1	0	0	9	1	0	0	1

17. 74LS112　负沿触发双 J – K 触发器（带预置端和清除端）

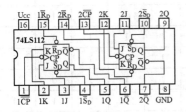

功能表

控制端		输　入			输　出		功　能
$\bar{S}_D$	$\bar{R}_D$	$\overline{CP}$	J	K	Q^n	Q^{n+1}	
0	1	X	X	X	X	1	异步置位
1	0	X	X	X	X	0	异步清零
0	0	X	X	X	X	Φ	不定
1	1	↓	0	0	0	0	保持
					1	1	
			1	0	0	1	置1
					1	1	
			0	1	0	0	置0
			1	0	1	0	
			1	1	Q^n	$\overline{Q^n}$	翻转

注：1. X 表示任意状态。

2. Φ 表示不定。

3. ↓ 表示高电平到低电平跳变。

4. Q^n 表示现态。

5. Q^{n+1} 表示次态。

6. $\bar{S}_D$ 为置位（低有效）端。

7. $\bar{R}_D$ 为清零（低有效）端。

8. $\overline{CP}$ 为时钟脉冲端。

18. 74LS125　四总线缓冲门（三态输出）

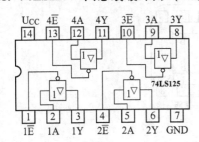

功能表

输入		输出
$\bar{E}$	A	Y
0	0	0
0	1	1
1	0	高阻
1	1	

19. 74LS138 3-8 线译码器/多路转换器（数据分配器）

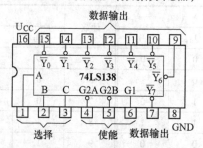

当一个选通端 G1 为高电平，另两个选通端 G2（G2A 和 G2B）为低电平时，可将地址端 C、B、A 的二进制编码在一个对应的输出端以低电平译出。

功能表

| 输　入 | | | | | | 输　出 | | | | | | | |
| 使能 | | | 选择 | | | | | | | | | | |
G1	G2A	G2B	C	B	A	$\overline{Y_7}$	$\overline{Y_6}$	$\overline{Y_5}$	$\overline{Y_4}$	$\overline{Y_3}$	$\overline{Y_2}$	$\overline{Y_1}$	$\overline{Y_0}$
X	1	X	X	X	X	1	1	1	1	1	1	1	1
X	X	1	X	X	X	1	1	1	1	1	1	1	1
0	X	X	X	X	X	1	1	1	1	1	1	1	1
1	0	0	0	0	0	1	1	1	1	1	1	1	0
1	0	0	0	0	1	1	1	1	1	1	1	0	1
1	0	0	0	1	0	1	1	1	1	1	0	1	1
1	0	0	0	1	1	1	1	1	1	0	1	1	1
1	0	0	1	0	0	1	1	1	0	1	1	1	1
1	0	0	1	0	1	1	1	0	1	1	1	1	1
1	0	0	1	1	0	1	0	1	1	1	1	1	1
1	0	0	1	1	1	0	1	1	1	1	1	1	1

注：X 表示任意状态。

20. 74LS151 8 选 1 数据选择器（带选通输入端、互补输出）

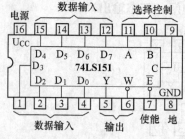

74LS151 为互补输出的 8 选 1 数据选择器。

按二进制译码选择控制端 C、B、A，可从 8 个输入数据 $D_0 \sim D_7$ 中，选择一个需要的数据送到输出端 Y。

1）使能端 $\overline{E} = 1$ 时，不论 C、B、A 状态如何，均无输出，Y = 0，W = 1，多路开关被

禁止。

2）使能端$\overline{E} = 0$时，多路开关正常工作，根据数据选择端 C、B、A 的状态选择 $D_0 \sim D_7$ 中某一个通道的数据输送到输出端 Y。

如：CBA = 000，则选择 D_0 数据到输出端，即 $Y = D_0$。

如：CBA = 001，则选择 D_1 数据到输出端，即 $Y = D_1$。其余类推。

功能表

输　入				输　出	
数据选择			选通	Y	W
C	B	A	$\overline{E}$		
X	X	X	1	0	1
0	0	0	0	D_0	$\overline{D_0}$
0	0	1	0	D_1	$\overline{D_1}$
0	1	0	0	D_2	$\overline{D_2}$
0	1	1	0	D_3	$\overline{D_3}$
1	0	0	0	D_4	$\overline{D_4}$
1	0	1	0	D_5	$\overline{D_5}$
1	1	0	0	D_6	$\overline{D_6}$
1	1	1	0	D_7	$\overline{D_7}$

注：X 表示任意状态。

21. 74LS160　十进制同步可预置 BCD 计数器（异步清除）

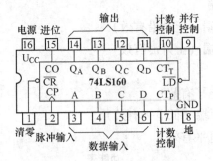

CO：进位输出端

$Q_D \sim Q_A$：输出端

D ~ A：并行数据输入端

CP：脉冲输入端（上升沿有效）

CT_P：计数控制端

$\overline{CR}$：异步清除端（低电平有效）

$\overline{LD}$：同步并行置入控制端（低电平有效）

功能表

输　入								输　出			
$\overline{CR}$	$\overline{LD}$	CT_P	CT_T	CP	D	C	B	A	Q_D	Q_C	Q_B	Q_A
0	X	X	X	X	X	X	X	X	0	0	0	0
1	0	X	X	↑	D_D	D_C	D_B	D_A	D_D	D_C	D_B	D_A
1	1	1	1	↑	X	X	X	X	计　　数			
1	1	0	X	X	X	X	X	X	保　　持			
1	1	X	0	X	X	X	X	X	保　　持			

注：1. X 表示任意状态。

　　2. ↑表示由低电平到高电平跳变。

　　3. $D_A \sim D_D$ 表示 A～D 稳态输入电平。

22. 74LS192　十进制可预置同步加/减计数器（双时钟）

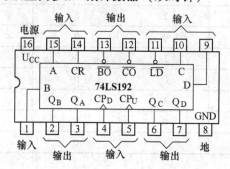

$Q_A \sim Q_D$：输出端

A～D：并行数据输入端

CP_U：加计数时钟输入端（上升沿有效）

CP_D：减计数时钟输入端（上升沿有效）

CR：异步清除端

$\overline{BO}$：借位输出端（低电平有效）

$\overline{LD}$：异步并行置入控制端（低电平有效）

$\overline{CO}$：进位输出端（低电平有效）

功能表

输　入								输　出			
CR	$\overline{LD}$	CP_U	CP_D	D	C	B	A	Q_D	Q_C	Q_B	Q_A
1	X	X	X	X	X	X	X	0	0	0	0
0	0	X	X	D_D	D_C	D_B	D_A	D_D	D_C	D_B	D_A
0	1	↑	1	X	X	X	X	加　计　数			
0	1	1	↑	X	X	X	X	减　计　数			
0	1	1	1	X	X	X	X	保　　持			

注：1. X 表示任意状态。

　　2. ↑表示由低电平到高电平跳变。

　　3. $D_D \sim D_A$ 表示 D～A 稳态输入电平。

74LS192 为十进制可预置同步加/减计数器，依靠 CP_D 或 CP_U 同时加在内部四个触发器上而实现。在 CP_D 或 CP_U 上升沿作用下 $Q_A \sim Q_D$ 同时变化。当进行加计数或减计数时可分别利用 CP_U 或 CP_D，此时另一个时钟应为高电平。例如利用了 CP_U，则 CP_D 应为高电平，反之亦然。

当计数上溢时，进位输出端 $\overline{CO}$ 输出一个宽度等于 CP_U 低电平部分的低电平脉冲；当计数下溢时，借位输出端 $\overline{BO}$ 输出一个宽度等于 CP_D 低电平部分的低电平脉冲。

当把 $\overline{BO}$ 和 $\overline{CO}$ 分别连接后一级的 CP_D 或 CP_U，即可进行级联。

74LS192 预置是异步的，当输入控制端 LD 为低电平时，不管时钟端 CP_D 或 CP_U 状态如何，输出端 $Q_A \sim Q_D$ 即可预置成与数据输入端 A ~ D 相一致的状态。

它的清除端也是异步的，当清除端 CR 为高电平时，不管时钟端 CP_D 或 CP_U 状态如何，即可完成清除功能。

23. 74LS193　十六进制可预置同步加/减计数器（双时钟）

（略）　参见 74LS192

74LS193 与 74LS192 引脚排列相同，区别是：74LS192 是十进制可预置同步加/减计数器（双时钟），而 74LS193 是十六进制可预置同步加/减计数器（双时钟）。

24. 74LS194　四位双向移位寄存器

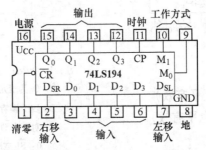

M_0、M_1：工作方式控制端

$Q_0 \sim Q_3$：并行数据输出端

$D_0 \sim D_3$：并行数据输入端

D_{SR}：右移串行数据输入端

D_{SL}：左移串行数据输入端

$\overline{CR}$：清零

CP：时钟脉冲输入端

功能表

输　　入										输　　出				功能
$\overline{CR}$	M_0	M_1	D_{SR}	D_{SL}	CP	D_0	D_1	D_2	D_3	Q_0	Q_1	Q_2	Q_3	
0	X	X	X	X	X	X	X	X	X	0	0	0	0	清零
1	1	1	X	X	↑	d_0	d_1	d_2	d_3	d_0	d_1	d_2	d_3	送数
1	0	1	1	X	↑	X	X	X	X	1	Q_0	Q_1	Q_2	右移
1	0	1	0	X	↑	X	X	X	X	0	Q_0	Q_1	Q_2	

（续）

输 入										输 出				功能
$\overline{CR}$	M_0	M_1	D_{SR}	D_{SL}	CP	D_0	D_1	D_2	D_3	Q_0	Q_1	Q_2	Q_3	
1	1	0	X	1	↑	X	X	X	X	Q_1	Q_2	Q_3	1	左移
1	1	0	X	0	↑	X	X	X	X	Q_1	Q_2	Q_3	0	
1	X	X	X	X	0	X	X	X	X	Q_0	Q_1	Q_2	Q_3	保持
1	0	0	X	X	X	X	X	X	X	Q_0	Q_1	Q_2	Q_3	

注：1. X 表示任意状态。

2. ↑ 表示由低电平到高电平跳变。

3. d_0、d_1、d_2、d_3 是 D_0、D_1、D_2、D_3 端的稳态电平。

25. 74LS279　四R－S锁存器

74LS279 常被应用在按键开关输入电路，可以消除开关触点的抖动现象。

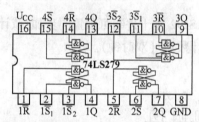

引脚功能定义：

1Q～4Q：输出端

$1\overline{S}$～$4\overline{S}$：置位端（低电平有效）

$1\overline{R}$～$4\overline{R}$：复位端（低电平有效）

功能表

输入		输出
$\overline{S}$	$\overline{R}$	Q
1	1	Q_0
0	1	1
1	0	0
0	0	Φ

注：1. Φ 表示不定状态。

2. Q_0 为规定的稳态输入条件建立前 Q 的电平。

3. 四个锁存器中有两个具有置位端（$\overline{S}1$，$\overline{S}2$），对于有S1和S2的锁存器，1：$\overline{S}1$和$\overline{S}2$均为1；0：$\overline{S}1$或$\overline{S}2$有一个为0，或者$\overline{S}1$和$\overline{S}2$均为0。

26. 集成稳压器

集成稳压器外形如附图 7-3 所示。78××和79××系列集成稳压器如附图 7-4、7-5 所示。

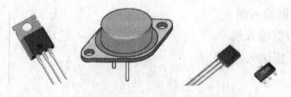

附图 7-3　集成稳压器外形

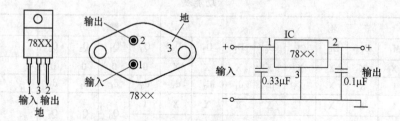

附图 7-4　78××系列集成稳压器

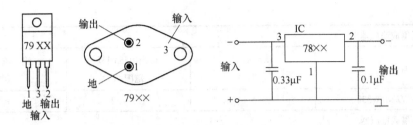

附图 7-5　79××系列集成稳压器

国产固定三端集成稳压器

固定输出正压集成稳压器

	输出最大电流/A	输出电压/V	最小输入输出压差/V	最大输入极限电压/V
CW7800 系列	1.5	5、6、9、12、15、18、24	2	5~18：35V 24：40V
CW78M00 系列	0.5	5、6、9、12、15、18、24	2	5~18：35V 24：40V
CW78L00 系列	0.1	5、6、9、12、15、18、24	2	5~9：30V 12~18：35V 24：40V
CW78T00 系列	3	5、12、18、24	2.5	5~18：35V 24：40V
CW78H00 系列	5	5、12	2.3	40V
W2930	0.15	5、8	0.6	26V

固定输出负压集成稳压器

CW7900 系列	1.5	−5、−6、−9、−12、−15、−18、−24	2	−5~−18：−35V −24：−40V
CW79M00 系列	0.5	−5、−6、−9、−12、−15、−18、−24	2	−5~−18：−35V −24：−40V
CW79L00 系列	0.1	−5、−6、−9、−12、−15、−18、−24	2	−5~−9：−30V −12~−18：−35V

国产可调三端集成稳压器

可调输出正压集成稳压器

	输出最大电流/A	输出电压调节范围/V	输入输出极限压差/V
CW117/CW217/CW317	1.5	1.2~37	≤40
CW117M/CW217M/CW317M	0.5	1.2~37	≤40
CW117L/CW217L/CW317L	0.1	1.2~37	≤40
W150/W250/W350	3	1.2~33	≤35

（续）

可调输出正压集成稳压器			
	输出最大 电流/A	输出电压调节 范围/V	输入输出极限 压差/V
W138/W238/W338	5	1.2 ~ 32	≤35
可调输出负压集成稳压器			
CW137/CW237/CW337	1.5	−1.2 ~ −37	≤40
CW137M/CW237M/CW337M	0.5	−1.2 ~ −37	≤40
CW137L/CW237L/CW337L	0.1	−1.2 ~ −37	≤40

27. μA741 集成运算放大器

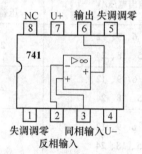

28. LM324　四集成运算放大器

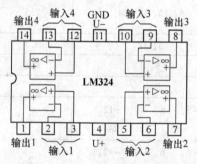

LM324 四运放电路具有电源电压范围宽，静态功耗小。双电源时"U＋、U－"为正、负电源端（双电源工作：±1.5V 至 ±16V），单电源使用时（单电源工作：3 ~ 32V）为"U＋、GND"。

29. LM339 四比较器

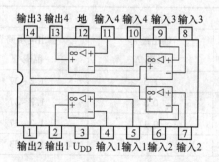

30. 555 时基电路

555 时基集成电路是一种将模拟电路和数字电路集成于一体的电子器件，用它可以构成单稳态触发器、多谐振荡器和施密特触发器等多种电路，在工业控制、定时、报警、检测等方面有广泛的应用。它的主要特点是：

① 电源的要求：555 电路采用单电源供电，电压范围宽。分为两种，一种是双极型，其电源电压范围是 4.5 ~ 15V；另一种是 CMOS 型，其电源电压范围是 2 ~ 18V。工作时电源电压变化对定时精度和振荡频率影响小。可与 TTL、CMOS、HTL 等数字电路共用电源。

② 输出电平：555 电路输出为全电源电平，可与 TTL、CMOS、HTL 等数字电路直接接口。

③ 驱动能力：双极型 555 电路的最大输出电流可以达到 200mA，能直接驱动一些小型负载；CMOS 型最大输出电流只有 3mA。因此使用时应该特别注意。

④ 外围加少量几个元件就可以组成较高精度的定时器。

555 电路芯片的封装有两种，一种是采用金属壳的圆形封装，如附图 7-6a 所示；另一种是采用塑料封装双列直插式，如附图 7-6b 所示。

555 芯片内部电路结构如附图 7-6c 所示。其名称来源于内部三只 5kΩ 的等值精密电阻，由它们组成高精度的分压器，内部组成还有两个电压比较器 A_1 和 A_2、一个基本 R–S 触发器和一个用来对外部定时电容提供快速放电的开关管 VT，另外，还有一个反相输出缓冲器，使输出有足够的电流以满足负载的要求。尽管有许多厂家都生产各自的 555 时基电路，但是其内部的电路结构基本相同，引脚功能也完全一致。

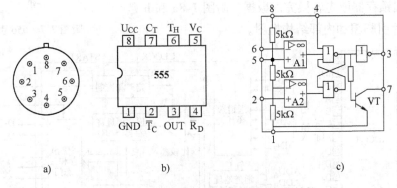

附图 7-6　555 时基电路引脚功能及内部结构

芯片引脚定义：

1：GND（地）

2：$\overline{T_C}$（触发端）

3：OUT（输出端）

4：$\overline{R_D}$（复位端）

5：V_C（外接控制电压端）

6：T_H（阀值电压端）

7：C_T（放电端）

8：U_{CC}（电源端）

555 功能表

输　入			输　出	
复位（4 引脚）	阀值电压（6 引脚）	触发输入（2 引脚）	放电管（7 引脚）	输出（3 引脚）
1	$\geqslant \dfrac{2}{3}U_{CC}$	$\geqslant \dfrac{1}{3}U_{CC}$	导通	0
1	$\leqslant \dfrac{2}{3}U_{CC}$	$\geqslant \dfrac{1}{3}U_{CC}$	保持	保持
1	×	$\leqslant \dfrac{1}{3}U_{CC}$	截止	1
0	×	×	导通	0

注：×表示任意电压。

此外还有一种 556 芯片，它是将两个相同性能的 555 封装在一个芯片里，其引脚功能如附图 7-7 所示。

31. ADC0809 模/数（A/D）转换器

ADC0809 集成电路芯片是由一个 8 路模拟开关、一个地址锁存与译码器、一个 A/D 转换器和一个三态输出锁存器组成。多路开关可选通 8 个模拟通道，允许 8 路模拟量分时输入，共用 A/D 转换器进行转换。三态输出锁存器用于锁存 A/D 转换完的数字量，当 OE 端为高电平时，才可以从三态输出锁存器取走转换完的数据。附图 7-8a 和 b 是 ADC0809 芯片引脚图和内部结构框图。

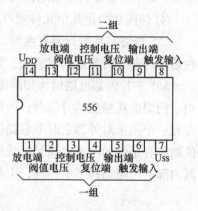

附图 7-7　556 引脚图

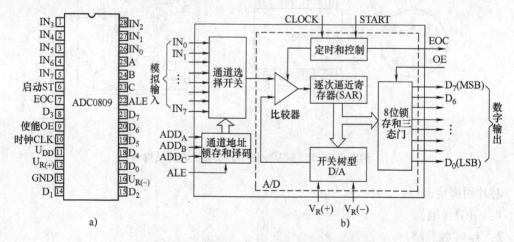

附图 7-8　ADC0809 芯片引脚图和内部结构框图

ADC0809 对输入模拟量要求：信号单极性，电压范围是 0～5V，若信号太小，必须进行放大；输入的模拟量在转换过程中应该保持不变，如若模拟量变化太快，则需在输入前增加采样保持电路。

ADC0809 地址输入和控制线有 4 条，数字量输出及控制线有 11 条。

ADC0809 引脚功能表

引脚号	符号	功　　能
1	IN3	模拟量输入端
2	IN4	
3	IN5	
4	IN6	
5	IN7	
6	START	A/D 转换启动脉冲输入端，输入一个正脉冲（至少 100ns 宽）使其启动（脉冲上升沿使 0809 复位，下降沿启动 A/D 转换）
7	EOC	A/D 转换结束信号输出端，当 A/D 转换结束时，此端输出一个高电平（转换期间一直为低电平）
8	D_3	数字量输出端
9	OE	数据输出允许信号输入端，高电平有效。当 A/D 转换结束时，此端输入一个高电平，才能打开输出三态门，输出数字量
10	CLK	时钟脉冲输入端。要求时钟频率不高于 640kHz，通常使用频率为 500kHz
11	U_{DD}	电源，单一 +5V
12	$U_{R(+)}$	基准电压
13	GND	地
14	D_1	数字量输出端
15	D_2	
16	$U_{R(-)}$	基准电压
17	D_0	数字量输出端
18	D_4	
19	D_5	
20	D_6	
21	D_7	
22	ALE	地址锁存允许信号输入端，高电平有效
23	C	3 位地址输入线，用于选通 8 路模拟输入中的一路
24	B	
25	A	
26	IN0	模拟量输入端
27	IN1	
28	IN2	

32. DAC0832 数/模（D/A）转换器

DAC0832 的主要特性参数如下：

① 分辨率为 8 位；

② 输出为电流信号，电流的建立时间为 1μs；

③ 可单缓冲、双缓冲或直接数字输入；

④ 只需在满量程下调整其线性度；

⑤ 单一电源供电（ +5V ~ +15V），低功耗，20mW；

⑥ 参考电压可以达到 ±10V；

⑦ 直接的数字接口可以与任何一款单片机相连。

附图 7-9a 和 b 是 DAC0832 芯片引脚图和内部结构框图。

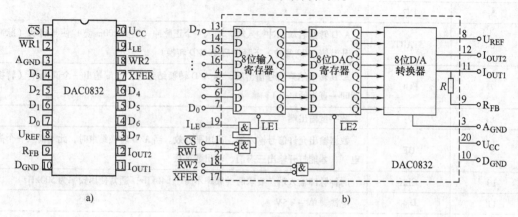

a)   b)

附图 7-9　DAC0832 芯片引脚图和内部结构框图

DAC0832 引脚功能表

引脚号	符号	功　　能
1	$\overline{CS}$	片选信号输入线（选通数据锁存器），低电平有效
2	$\overline{WR1}$	数据锁存器写选通输入线，负脉冲（脉宽应大于 500ns）有效。由 I_{LE}、$\overline{CS}$、$\overline{WR1}$ 的逻辑组合产生 LE1，当 LE1 为高电平时，数据锁存器状态随输入数据线变换，LE1 的负跳变时将输入数据锁存
3	A_{GND}	模拟信号地，为模拟信号和基准电源的参考地
4	D_3	
5	D_2	数据输入线，TTL 电平，通常与单片机的数据总线相连，用于输入 CPU 送来的待转换数字量。
6	D_1	有效时间应大于 90ns（否则锁存器的数据会出错）
7	D_0	
8	U_{REF}	基准电压输入线，范围为 −10V ~ +10V
9	R_{FB}	反馈信号输入线，芯片内部有反馈电阻，改变 R_{FB} 端外接电阻值可调整转换满量程精度
10	D_{GND}	数字信号地，为工作电源地和数字逻辑地
11	I_{OUT1}	I_{OUT1}：电流输出端 1，其值随 DAC 寄存器的内容线性变化
12	I_{OUT2}	I_{OUT2}：电流输出端 2，其值与 I_{OUT1} 值之和为一常数 当 DAC 寄存器内容全为 1 时，I_{OUT1} 为最大，$I_{OUT2} = 0$； 当 DAC 寄存器内容全为 0 时，I_{OUT2} 为最大，$I_{OUT1} = 0$。 为了保证输出电流的线性，应将 I_{OUT1} 及 I_{OUT2} 接到外部运算放大器的输入端上

（续）

引脚号	符号	功　　能
13	D_7	数据输入线，TTL 电平，通常与单片机的数据总线相连，用于输入 CPU 送来的待转换数字量。有效时间应大于 90ns（否则锁存器的数据会出错）
14	D_6	
15	D_5	
16	D_4	
17	$\overline{XFER}$	数据传输控制信号输入线，低电平有效，负脉冲（脉宽应大于 500ns）有效
18	$\overline{WR2}$	DAC 寄存器选通输入线，负脉冲（脉宽应大于 500ns）有效。由 $\overline{WR2}$、$\overline{XFER}$ 的逻辑组合产生 LE2，当 LE2 为高电平时，DAC 寄存器的输出随寄存器的输入而变化，LE2 的负跳变时将数据锁存器的内容输入 DAC 寄存器并开始 D/A 转换
19	I_{LE}	数据锁存允许控制信号输入线，高电平有效
20	Ucc	芯片工作电源，范围为 +5V ~ +15V

33. CD4060　14 级二进制计数/分频/振荡器

CD4060 芯片引脚功能见下表：

CD4060 芯片引脚功能表

引脚号	功　　能	引脚号	功　　能
1	12 分频输出	9	信号正向输出
2	13 分频输出	10	信号反向输出
3	14 分频输出	11	信号输入
4	6 分频输出	12	复位信号输入
5	5 分频输出	13	9 分频输出
6	7 分频输出	14	8 分频输出
7	4 分频输出	15	10 分频输出
8	地	16	电源：+3 ~ +15V

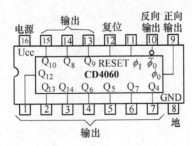

CD4060 内部结构如附图 7-10 所示。

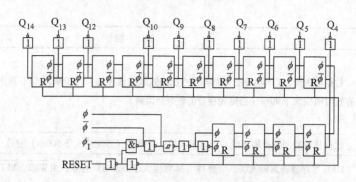

附图 7-10　CD4060 内部结构

34. LM386 集成音频功率放大器

LM386 是一种音频集成功率放大器，具有自身功耗低、电压增益可调节、电源电压范围大、外接元件少和总谐波失真小等优点，其静态功耗低，约为 4mA，适用于电池供电的场合，广泛应用于录音机和收音机电路中。

LM386 的封装形式有塑封 8 引线双列直插式和贴片式。

工作电压范围：4～12V（LM386N－1，LM386N－3，LM386M－1，LM386MM－1）；

　　　　　　　5～18V（LM386N－4）。

电压增益可调：20～200。

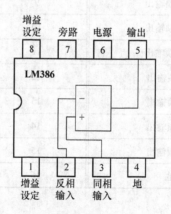

附录8　晶体振荡器、拨码开关、小型继电器、小型开关和按钮、小型变压器、单相自耦调压器

1. 晶体振荡器（晶振）

晶体振荡器是利用人造石英晶体（二氧化硅的结晶体）的压电效应制成的一种谐振器件，其频率由制造时的晶片的形状、大小和厚度所决定。它的基本构成大致是：从一块石英晶体上按一定方位角切下薄片，在它的两个对应面上涂敷银层作为电极，在电极上焊一根管脚引线，再加上封装外壳就构成了石英晶体谐振器，其产品一般用金属外壳封装，也有用玻璃壳、陶瓷或塑料封装，附图8-1是石英晶体振荡器和符号。

附图8-1　石英晶体振荡器和符号

晶振是一种高精度和高稳定度的振荡器，当电路要求工作频率稳定性很高时，就应当选用晶振组成的振荡电路。晶振可分为四类：普通晶体振荡（SPXO），电压控制式晶体振荡（VCXO），温度补偿式晶体振荡（TCXO），恒温控制式晶体振荡（OCXO）等。

晶振又分为无源晶振和有源晶振。

无源晶振有两个引脚且无极性，无源晶振需要借助于时钟电路才能产生振荡信号，自身无法起振，其适用于多种不同时钟信号电压要求，信号电平是可变的，也就是说是根据起振电路来决定的。无源晶振的缺点是信号质量较差，通常需要精确匹配外围电路，更换不同频率的晶体时周边配置电路需要做相应的调整。

有源晶振有四只引脚，其内部除了石英晶体外，还有晶体管和阻容元件，因此体积稍微大一点。有源晶振信号质量好，比较稳定，而且连接方式相对简单，不需要配置电路。相对于无源晶体，有源晶振的缺点是其信号电平是固定的，需要选择好合适的输出电平，灵活性较差。对于时序要求敏感的应用，还是选择有源晶振比较好。

有源晶振的引脚：带有点标记的为1引脚，按逆时针（管脚向下）分别为2引脚、3引脚、4引脚。

有源晶振的用法：1引脚悬空，2引脚接地，3引脚接输出，4引脚接电源。

2. 拨码开关（编码开关）

拨码开关的种类较多，常用的有开关拨动式和数字码盘式。它主要是在数字电路中预置数字使用，附图8-2是几种拨码开关和符号。

拨动式拨码开关：其结构可以看作是由多个小单刀拨动开关连为一体组成的。把不同位

附图 8-2　几种拨码开关和符号

的小开关拨动到需要接通或断开的位置，就可以给电路预置所需要的二进制数。

数字码盘式拨码开关：其结构是内部有一个可以旋转的触点盘，触点接触到码盘上，盘的边缘可以观察到数字，拨动触点盘可以改变其数字，此数字就是拨码开关的预置数。数字码盘式拨码开关有两种数据可以设定，一种是 BCD 输出的拨码开关，另一种是 0、1、2、……7、8、9 输出的拨码开关，可以根据不同的使用需求进行选择。

3. 小型继电器

小型继电器的种类很多，形状各异，产品呈系列化，同一系列的继电器，其电磁线圈的电压可有多种选择，触点的数量和承受的电压及电流也有区别。继电器在电路中可以起到"弱电"和"强电"的隔离作用。附图 8-3 是几种小型继电器及符号。

附图 8-3　几种小型继电器及符号

继电器是由一个电磁铁和几组常开触点和常闭触点组成，当电磁铁线圈中有控制电流通过时，电磁铁就吸引衔铁，带动常闭触点断开，常开触点闭合；当断开电磁铁线圈电流时，电磁铁失去磁性，弹簧使衔铁复位，继电器的各个触点的状态也随之复位，以此来完成对电路的控制。

4. 小型开关和按钮

开关和按钮是最常用的电子元件之一，被用于电子设备中手动转换电路工作状态。小型开关和按钮的种类繁多，开关一般都是可以自锁的，接通或断开时都需要手动操作；按钮一般可分为带自锁和无自锁两种，带自锁的按钮第一次按动后，其触点保持按下后的状态，第二次按动后，其触点复位；无自锁的按钮在按下之后触点改变状态，当手离开时，触点复位。开关及按钮在选用时应注意其触点额定电压及额定电流参数。附图 8-4 是几种开关和按钮及符号。

5. 小型变压器

小型变压器应用最为普遍，几乎所有需要改变电压的电路中都需要使用变压器。常用的小型变压器有 EI 型叠片式变压器、环型变压器、R 型变压器，如附图 8-5 所示是这三种变压器的外形和符号。

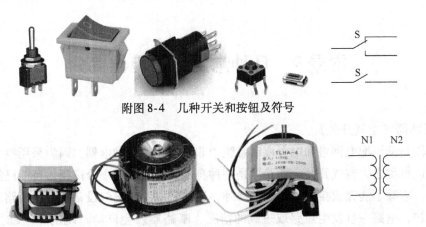

附图 8-4　几种开关和按钮及符号

附图 8-5　小型变压器及符号

　　EI 型叠片式变压器的优点是：安装方便、工作可靠、制造工艺简单、成本相对较低；缺点是：有漏磁，体积相对较大，工作时发热量较多，容易产生噪声。因此，对一些要求比较高的电子设备会有一定的影响。

　　环型变压器线圈产生的磁力线方向与铁心磁路几乎完全重合，这种结构可以减小漏磁，电磁辐射也小，无需另加屏蔽就可以用到有特殊要求的电子设备上。与叠片式相比铁心损耗将减小 25%，其重量比叠片式变压器重量可以减轻一半。

　　R 型变压器具有体积小，重量轻和漏磁小等特点，与 EI 型和环形变压器相比有着更高的性能，其初级与次级的骨架分开的独特结构使它还具有优良的绝缘性能。目前，R 型变压器主要应用于医疗器械、办公设备、工业自动化设备、通讯设备、高保真音响设备。

6. 单相自耦调压器

　　单相自耦调压器是一种可以通过调节滑动触头改变线圈匝数的变压器，它只能用于交流电源。电压的调节需要手动完成，手动旋钮下面有刻度盘，目前多数调压器还安装有电压表，调节电压时可以参考刻度盘和电压表的数值进行调节，附图 8-6 所示是一种单相自耦调压器。

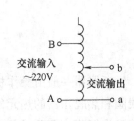

附图 8-6　单相自耦调压器

　　图中 A 和 B 是调压器的交流电源的输入端，a 和 b 是交流电源的输出端，通过改变 b 端上下移动的位置就可以改变 a 和 b 之间的线圈匝数，从而改变了输出端的电压。

　　需要特别注意的是：

　　1）自耦调压器的输入端与输出端切不可接反。

　　2）有时输出端的电压虽然被调节得比较低，但是也不安全，因为自耦调压器的输入端与输出端并没有隔离，仍然有触电的危险。因此，使用时需要特别注意。

附录9 几种常用低压电器简介

1. 断路器（空气开关）

断路器是低压配电网络和电力拖动系统中非常重要的一种电器，因为采用空气作为灭弧介质，所以也称之为空气开关。断路器是一种自动开关，应用十分广泛，目前已经完全取代闸刀开关，它除了能完成接通和切断电路外，还能对电路或电气设备发生的短路及严重过载等进行保护，电路一旦发生短路或过载的情况，断路器就会自动"跳闸"，及时切断电源，防止事故扩大，起到保护线路和设备的作用，当线路及设备恢复正常后，只需重新"合闸"即可为线路送电，使用十分方便。断路器的内部结构及电器符号如附图9-1所示。

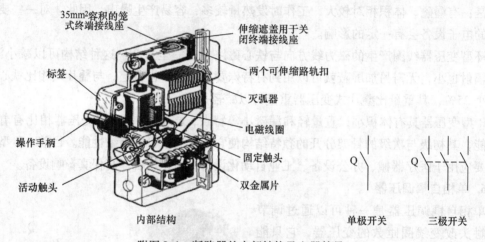

附图9-1 断路器的内部结构及电器符号

断路器一般由操作机构、触点系统、灭弧系统、脱扣器、外壳等构成。过电流脱扣器的线圈和热脱扣器的热元件与主电路相串联，在正常情况下，脱扣器的衔铁是释放着的，当电路发生短路或严重过载时，使通过的电流远大于正常负载电流，与主电路串联的线圈使电磁铁产生较强的电磁吸力，使衔铁克服反力弹簧的作用力，带动脱扣器动作，导致脱扣器脱扣，使机构动作，主触点分断，从而切断电源；当电路过载时，热脱扣器的热元件发热使双金属片弯曲，推动脱扣机构动作，同样也会自动切断电源，起到保护作用。附图9-2是几种常见的断路器。

选用断路器时应注意：开关极数和开关容量，是否需要漏电保护器，以及安装方式。

2. 熔断器和支座

熔断器是一种过电流保护电器，其主要由熔体、熔管及外加填料等组成。熔断器是靠熔体熔化保护线路的一种电器，不可重复使用，一旦熔体烧毁就要更换熔体。熔断器的容量要根据线路中电流的大小来选择。使用时，将熔断器串联于被保护电路中，当被保护线路的电流超过规定值，并经过一定时间后，以其自身产生的热量使熔体熔化，从而使线路断电，避

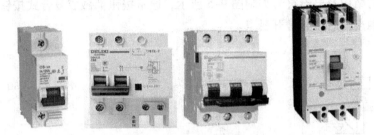

附图9-2　几种常见的断路器

免电器设备损坏，防止事故蔓延。熔断器在使用时，为了方便更换，每一种熔断器都有专门的支座。如附图9-3所示是熔断器及螺旋式支座的结构图和电器符号。

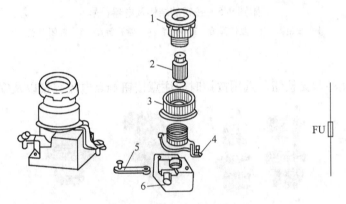

附图9-3　熔断器及螺旋式支座的结构图和电器符号
1—瓷帽　2—熔断器　3—瓷套　4—上接线端　5—下接线端　6—底座

附图9-4是几种常见的熔断器和支座。

附图9-4　几种常见的熔断器和支座

选用熔断器和支座时应注意：熔断器的类型和容量，熔断器和支座是否配套，以及安装方式。

3. 按钮和行程开关

（1）按钮

按钮是供操作者发送指令的手动电器，操作者可以通过按钮来切断和接通控制电路。按钮的按钮帽有红色、绿色和黄色，还有带灯和不带灯以及自锁和不自锁之分，可根据需要选用。按钮开关的结构及电器符号如附图9-5所示，通常按钮都做成复合式按钮，按下按钮时是先断开常闭触点，后接通常开触点。

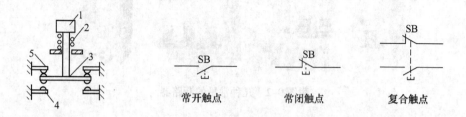

附图9-5　按钮的结构及电器符号

1—按钮帽　2—复位弹簧　3—桥臂　4—常开触点　5—常闭触点

附图9-6是几种常见按钮。选用按钮时应注意按钮触点电流容量以及安装方式。

附图9-6　几种常见按钮

（2）行程开关

行程开关又称限位开关，被广泛地用在自动控制系统中，它内部结构和按钮比较相似，行程开关的结构及符号如附图9-7所示。行程开关一般都是顶端装有触杆，当被控制的部件碰触其触杆时，其动断触点（常闭触点）断开、动合触点（常开触点）接通；当被控制的部件离开触杆时，触杆和触点在弹簧的作用下复位。

附图9-7　行程开关的结构及电器符号

1—触杆　2—复位弹簧　3—动断触点　4—动合触点

行程开关目前已经形成系列产品，可以根据不同场合的安装要求来选择适合的行程开关，附图9-8是几种常见的行程开关。

附图9-8　几种常见的行程开关

选用按钮和行程开关时应注意：触点是否要求自锁，触点类型，触点数量和容量，以及安装方式。

4. 接触器和继电器

在电器控制电路中，接触器是必不可少的常用电器。常被用来接通或断开电动机或其他电力负载。接触器有主触点（或称主触头）和辅助触点（或称辅助触头），主触点一般只有常开触点，用在主电路中；而辅助触点有常开触点和常闭触点，用在控制电路中来执行控制指令。接触器和继电器的电器结构及电器符号如附图9-9所示。

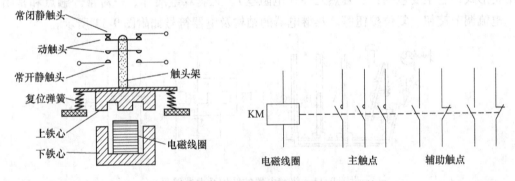

附图9-9　接触器和继电器的电器结构及电器符号

接触器或继电器的主要部分有：

（1）电磁机构：电磁线圈、下铁心（即静铁心）和上铁心（即动铁心）。

（2）触点机构：主触点和辅助触点，它和动铁心是连在一起联动的。

（3）灭弧装置：用来迅速切断触点产生的电弧，延长主触点使用寿命。

（4）绝缘外壳、各种弹簧、传动机构、短路环、接线柱等。

接触器的工作原理是：当电磁线圈通电时，静铁心和动铁心之间产生电磁吸力，使动铁心移位，由于触头机构是与动铁心联动的，因此动铁心带动动触点运动，使常闭触点断开、常开触点闭合，从而断开电路或接通电路；当线圈断电时，电磁吸力消失，在复位弹簧的作用力下，动铁心与静铁心分离，使触点复原，即常开触点恢复断开，常闭触点恢复闭合。

接触器和继电器是属于同一种类型的电器，其工作原理相同。在电器控制中，通过使用接触器和继电器，可以使操作者远距离安全方便地控制电器的运行和停止。附图9-10是几种常见接触器和继电器。

附图 9-10 几种接触器和继电器

选用接触器和继电器时应注意：其线圈使用的电流种类和电压等级，触点数量和容量，以及安装方式。

5. 热继电器

热继电器是对电动机过载进行保护的最有效的自动电器。热继电器最常见的是双金属片式结构形式，它主要包括：三套热元件（电阻丝）、三套双金属片、一对常开触点和常闭触点、电流调节旋钮、复位按钮等。热继电器的结构及电器符号如附图 9-11 所示。

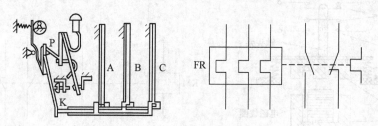

附图 9-11 热继电器的结构及电器符号

热继电器通常需要与接触器配合使用，其工作原理是：三个热元件分别缠绕在膨胀系数不同的三组双金属片上，将三个热元件分别串接在电动机的三相主电路中，电动机绕组电流即为流过热元件的电流。当电动机正常运行时，电流使热元件产生的热量虽能使双金属片产生弯曲，但还不足以使热继电器触点机构动作；当运行中的电动机发生过载情况时，电路中的电流增大，使热元件产生的热量增大，双金属片弯曲位移量也随之变大，其推动导板，使机构产生脱扣，导致热继电器中的常开触点和常闭触点状态发生改变，从而切断控制电路中接触器线圈的电源，使接触器失电，接触器的主触点将使电源与电动机断开，实现电动机的过载保护。

热继电器电流调节旋钮内部是一个偏心轮，转动偏心轮，即可改变双金属片与导板的接触距离，从而达到调节整定动作电流值的目的。附图 9-12 是几种常见热继电器。

选用热继电器时应注意：其电流等级，触点容量，以及安装方式。

附图 9-12 几种常见热继电器

6. 时间继电器

时间继电器是电气控制系统中一个非常重要的元器件，在许多控制系统中，需要使用时间继电器来实现延时控制。它可分为通电延时型和断电延时型两种类型。时间继电器的延时触点是在继电器通电或断电时，利用机械延时触点方式或电子延时触点方式使延时触点不立刻接通或断开，而是要延长一段时间才动作，从而控制需要延时执行动作的电器，并且这个延时时间是可以预先调节设定的。时间继电器符号如附图 9-13 所示。

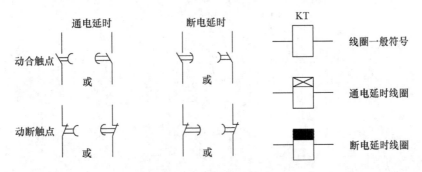

附图 9-13 时间继电器符号

通电延时型的时间继电器，是当继电器通电时，经过一定时间（即设定的时间）后，延时触点动作，使动断触点断开、动合触点闭合，从时间继电器通电到延时触点完成动作，这段时间就是继电器的延时时间；当继电器断电时，继电器触点回到初始状态，此时触点动作不延时。

断电延时型的时间继电器，是当继电器接通电源时，继电器瞬间动作，此时常开触点闭合、常闭触点断开；当断开电源后，开始延时，延时时间到，继电器触点回到初始状态，这段时间就是继电器的延时时间。

时间继电器的种类较多，从动作的原理上有机械式、电动式和电子式三种。机械式的样式较多，有利用气囊式、钟表擒纵装置等；电动式是使用小型罩极同步电动机带动凸轮；电子式则采用电容充放电或晶体振荡器再配合电子元件的电路来实现延时动作。它们的延时时间长短都是可以调节设定的。附图 9-14 是几种时间继电器。

随着电子技术的发展，电子式时间继电器在时间继电器中已成为主流产品，采用大规模集成电路技术的电子智能式数字显示时间继电器，具有多种工作模式，不但可以实现长延时

附图 9-14 几种时间继电器

时间，而且延时精度高，体积小，调节方便，使用寿命长，使得控制系统更加简单可靠。

选用时间继电器时应注意，其线圈（或电源）的电流种类和电压等级，按控制要求选择延时方式、触点形式、延时精度以及安装方式。

附录10　常用绝缘导线安全载流量表

常用绝缘导线安全载流量表

标称载面积/mm²	塑料绝缘线												橡皮绝缘线											
	明线敷设		穿管敷设						护套线				明线敷设		穿管敷设						护套线			
			二根		三根		四根		二芯		三/四芯				二根		三根		四根		二芯		三/四芯	
	铜	铝	铜	铝	铜	铝	铜	铝	铜	铝	铜	铝	铜	铝	铜	铝	铜	铝	铜	铝	铜	铝	铜	铝
0.2	3								3		2										3		2	
0.3	5								4.5		3										4		3	
0.4	7								6		4										5.5		3.5	
0.5	8								7.5		5										7		4.5	
0.6	10								8.5		6										8		5.5	
0.7	12								10		8										9		7.5	
0.8	15								11.5		10										10.5		9	
1	18		15		14		13		14		11		17		14		13		12		12		10	
1.5	22	17	18	13	16	12	15	11	18	14	12	10	20	15	16	12	15	11	14	10	15	12	11	8
2	26	20	20	15	17	13	16	12	20	16	14	12	24	18	18	14	16	12	15	11	17	15	12	10
2.5	30	23	26	20	25	19	23	17	22	19	16	15	28	21	24	18	23	17	21	16	19	16	16	13
3	32	24	29	22	27	20	25	19	25	21	22	17	30	22	27	20	25	18	23	17	21	18	19	14
4	40	30	38	29	33	25	30	23	33	25	25	20	37	28	35	26	30	13	27	21	28	21	21	17
5	45	34	42	31	37	28	34	25	37	28	28	22	41	31	39	28	34	16	30	23	33	24	24	19
6	50	39	44	34	41	31	37	28	41	31	31	24	46	36	40	31	38	29	34	26	35	26	26	21
8	63	48	56	43	49	39	43	34	51	39	40	30	58	44	50	40	45	36	40	31	44	33	34	26
10	75	55	68	51	56	42	49	37	63	48	48	37	69	51	63	47	50	39	45	34	54	41	41	32
16	100	75	80	61	72	55	64	49					92	69	74	56	66	50	59	45				
20	110	85	90	70	80	65	74	56					100	78	83	65	74	60	68	52				
25	130	100	100	80	90	75	85	65					120	92	92	74	83	69	78	60				
35	160	125	125	96	110	84	105	75					148	115	115	88	100	78	97	70				
50	200	155	163	125	142	109	120	89					185	143	150	115	130	100	110	82				
70	255	200	202	156	182	141	161	125					230	105	186	144	168	130	149	115				
95	310	240	243	187	227	175	197	152					290	225	220	170	210	160	180	140				
120													355	270	260	200	220	173	210	165				
150													400	310	290	230	260	207	240	188				
185													475	370										
240													580	445										
300													670	520										
400													820	630										
500													950	740										

参 考 文 献

[1] 王桂琴. 电工学Ⅰ（电工技术）[M]. 北京：机械工业出版社，2004.

[2] 常文秀. 电工学Ⅱ（电子技术）[M]. 北京：机械工业出版社，2004.

[3] 唐介. 电工学（少学时）[M]. 北京：高等教育出版社，2009.

[4] 朱承高，陈钧娴. 电工及电子实验 [M]. 上海：上海交通大学出版社，2004.

[5] 秦曾煌. 电工学简明教程 [M]. 北京：高等教育出版社，2011.

[6] 吴银忠，顾伟骊，等. 电工学实验教程 [M]. 北京：清华大学出版社，2007.